爱上科学

神秘的光

廖明明／编

小小少年
彩书坊

中国华侨出版社
北京

图书在版编目（CIP）数据

神秘的光 / 廖明明编. — 北京：中国华侨出版社, 2012.9（2021.8重印）

（爱上科学一定要知道的科普经典）

ISBN 978-7-5113-2881-6

Ⅰ.①神… Ⅱ.①廖… Ⅲ.①光学－青年读物②光学－少年读物 Ⅳ.①O43-49

中国版本图书馆CIP数据核字（2012）第207512号

爱上科学一定要知道的科普经典·神秘的光

编　　者：廖明明

责任编辑：滕　森

封面设计：阳春白雪

文字编辑：肖　瑶

插图绘制：Popo

美术编辑：宇　枫

经　　销：新华书店

开　　本：710mm×1000mm　1/16　印张：10　字数：120千字

印　　刷：唐山楠萍印务有限公司

版　　次：2012年10月第1版　2021年8月第3次印刷

书　　号：ISBN 978-7-5113-2881-6

定　　价：38.00 元

中国华侨出版社　北京市朝阳区西坝河东里77号楼底商5号　　邮编：100028

法律顾问：陈鹰律师事务所

发 行 部：（010）88866079　　　传　真：（010）88877396

网　　址：www.oveaschin.com　　E-mail：oveaschin@sina.com

如发现印装质量问题，影响阅读，请与印刷厂联系调换。

　　科学改变着世界，也改变着人们的生活。现代科学技术的突飞猛进，要求每个人都必须具备科学素质，而科学素质的培养最好能从小抓起。为从小培养青少年的科学精神和创新意识，教育部已将科学确定为小学阶段的基础性课程，科学知识正助梦着青少年的成长成才。学习科学，能激发青少年大胆想象、尊重证据、敢于创新的科学态度。未来是科学的世界，学科学是青少年适应未来的生存需要，更是推动社会前行的现实需要。然而面对林林总总的科学现象和话题，如何以喜闻乐见的方式让青少年获得科学解答，如何让他们在课外获取更多的科学知识，如何让他们在轻松的阅读中爱上科学，基于此，我们精心编撰了《爱上科学，一定要知道的科普经典》系列丛书，以此展现给青少年读者一个神奇而斑斓的科学世界。

　　科学存在于我们的身边，大自然的各种现象、生活中的各种事物，处处隐藏着科学知识。你为什么单手握不碎鸡蛋、烧水壶里的水垢是哪来的、书本的纸为什么会发黄、烟花的五颜六色是怎么回事……这些看似极普通的生活现象，都蕴涵着无穷无尽的科学奥秘。《爱上科学，一定要

知道的科普经典》系列丛书，涵盖自然界和生活中的各类科学现象，对各种科学问题进行完美解答。在这里，不仅有《超能的力》《神秘的光》《神奇的电》，还有《能量帝国》《课堂上学不到的化学》等诸多科学知识读物，真正是广大青少年探索科学奥秘的知识宝库。

本系列丛书，始终以青少年快乐学习科学为指引。书中话题经典有趣，紧贴生活与自然，抓住青少年最感兴趣的内容，由现象到本质、由浅入深地讲述科学。众多有趣的实验、游戏和故事，契合青少年的快乐心理，使科学知识变得趣味盎然。通俗易懂、生动活泼的语言风格，使科学知识解答更生动，完全没有一般科学读物的晦涩枯燥。精美的插图，或展现某种现象，或解释某种原理，图片与文字相得益彰，为青少年营造了图文并茂的阅读空间。再加上多角度全方位的人性化设计，使本书成为青少年读者轻松学科学的实用版本。

走进《爱上科学，一定要知道的科普经典》，让我们在探索科学奥秘中学习知识，在领略科学魅力中收获成长。一起快乐学科学，一起开启精彩纷呈、无限神奇的科学之旅。

目录
MU LU

AISHANG KEXUE YIDING YAO
ZHIDAO DE KEPU JINGDIAN
SHENMI DE GUANG
神秘的光
一定要知道的科普经典
爱上科学

月亮真被天狗吃了吗

神奇的日食

黑黑的影子

光线也绕弯

神奇的单面镜

近视真麻烦

看远模糊,看近更模糊

爱上科学

SHENMI DE GUANG
神秘的光

AISHANG KEXUE YIDING YAO
ZHIDAO DE KEPU JINGDIAN

一定要知道的科普经典

AISHANG KEXUE YIDING YAO
ZHIDAO DE KEPU JINGDIAN

SHENMI DE GUANG
神秘的光

一定要知道的科普经典

爱上科学

小 小太阳放光芒

> 幼儿园里，老师正在教孩子们唱《小太阳》："太阳像那大红花，在那东方天边挂"优美的旋律感染得每个孩子脸上都绽放出灿烂的笑容。

太阳，是地球光明的源泉。我们地球上所能见到的光，除了电灯等人造光之外，绝大多数的自然光都是从太阳发出来的。太阳除了给我们带来光明以外，还给我们带来热量。

万丈光芒源于"核爆炸"

太阳就像一个巨大的火球，每天清晨它都放射出万丈光芒。那么你知道太阳是如何制造出这些光芒的吗？

其实，说太阳是个火球并不太准确，因为太阳并没有固体的形态，它的内部和外围全是炽热、飘逸的气体。在这些气体中，有一种氢原子，它是组成太阳的最主要成分，约占太阳质量的70%以上。氢原子很不稳定，在太阳内部高温（1000万摄氏度以上）、高压（约为2500亿个大气压力）的作用下，彼此间会发生一种类似于核爆炸的剧烈反应，这个剧烈反应叫作"热核反应"。

在热核反应中，每4个氢原子核会结合成为1个氦原子核，同时激发释放出一种叫作"光子"的微粒。无数的氢原子核结合成无数的氦原子核，同时释放出无数的光子。这无数的光子汇合在一块儿，最终便形成我们所能看到的万丈光芒了。

光线是可割裂的

光线看起来总是连续的，它似乎无法割裂。其实并不是这样。

假如你有一架特棒的高倍显微镜，这显微镜的放大倍数比世界上最高倍的显微镜还要高出几十亿倍，那么用它来观察阳光，你就会看到：光线其实也是由一个一个不连续的极微小粒子组成的。这极微小粒子自然便是光子。

这光子有多小呢？这么说吧，原子也是组成物质的一种极其微小的粒子，100万个原子摞在一起才有一页书纸这么厚。而光子呢？比原子还要小得多！

正是因为光子极其微小，所以它几乎没有质量。据科学家猜测，没有质量的光子，其运动轨迹是非常古怪的——它以一种"之"字形的方式来回振动，且振动的速度能达到每秒 6000000 亿次。至于光子为什么会以这样一种方式运动，科学家还没有完全弄清楚，一般认为与光子从太阳中获得的电磁力有关。

既是粒子，也是波

科学家曾做过一个试验：将一粒很微小的尘粒以极快的速度打在人身上，这时，人体会感到疼痛。也就是说，即便是一颗极微小的粒子，当它以极高的速度打在人身上时，人至少也会有感觉。光是由光子组成的，光子的速度非常快（达每秒 30 万千米），可为什么光照在我们身上时，我们丝毫没有感觉呢？

SHENMI DE GUANG
神秘的光
AISHANG KEXUE YIDING YAO
ZHIDAO DE KEPU JINGDIAN
一定要知道的科普经典
爱上科学

原来，光虽然是由光子这种微小粒子组成的，但它表现出来的粒子性质与平常我们熟悉的实实在在的"物质"是大不相同的——光不是一种简单的粒子，它除了具有粒子的特性外，还具有波的特性，也就是没有实物形态、只是以能量形式在空间扰动的特性。光的这种特性在物理学上被称之为"波粒二象性"。

"波粒二象性"简单地理解就是：少量的光子呈现粒子性，也就是说，此时的光可以看成由一颗颗实物粒子组成的；而大量的则呈现出波动性，亦即此时的光要看成一种能量形式的扰动。作为能量形式扰动的波传递到人身上时，人是感觉不到的，例如，我们就丝毫感觉不到声波对我们的作用。所以，当光以一种波的形式作用在我们身上时，我们也是丝毫感觉不到异样的。

光变成了热

冬日里，站在阳光下，我们的身体会感到很温暖惬意；烈日下，太阳甚至能将一颗生的鸡蛋烤成熟蛋——这，就是太阳光给我们带来的热量。

太阳内部在进行热核反应时，除了制造出万丈光芒以外，还释放出一股巨大的热量。这股热量是以夹带在光线中的形式传递到周围空间的，当光线作用在物体上时，便能使物体的热能增加，温度上升。

那么，为什么光线作用在物体上时，物体的热能就能增加、温度就能上升呢？原来，物体是由原子等基本粒子构成的，原子等粒子总是在做无规则的运动，这个运动叫作热运动。物体的热能正是由物体内粒子热运动的剧烈程度决定的，热运动越剧烈，物体的热能就越高，对外表现为温度越高；反之亦然。当太阳光照射到物体上的时候，太阳光中的光子会与物体中的原子等粒子碰撞，从而加剧物体的热运动，使其热能增加，温度上升。

科学小常识

太阳不会枯竭

太阳上贮藏的氢至少还可以供太阳像现在这样继续辉煌地闪耀50亿年！即使太阳上的氢全部燃烧完了，也还会有其他的热核反应继续发生。因此，不用为太阳的能源枯竭而担心，就是地球消失了，太阳也还将放射出它无穷的光和热！

SHENMI DE GUANG
神秘的光
一定要知道的科普经典
AISHANG KEXUE YIDING YAO
ZHIDAO DE KEPU JINGDIAN
爱上科学

宇宙中的"赛跑冠军"

谁是世界上的赛跑冠军？牙买加短跑名将博尔特？中国110米跨栏选手刘翔？哦，不，是光！光的速度达每秒30万千米，是博尔特和刘翔的3000余万倍！

光从遥远的太阳抵达地球，只需短短的 8.3 分钟，在我们已知的这个宇宙中，没有任何物体的速度能快过它。光速那么快，那么人们有没有办法测量它呢？答案是肯定的。

将光速测出来

1607 年，意大利科学家伽利略决定对光速进行测量。他和一个朋友各自拿着一个装有快速启闭遮光罩的灯，分别来到相距 3000 米的两座山上。伽利略和朋友约好：朋友在山顶迅速打开遮光罩，并且快速计时；自己在看到对面山顶的光后，同样快速打开遮光罩，向朋友发去灯光信号。两人希望通过已知的路程和测算出的时间来计算光的速度。

然而，最终他们失败了。原因很简单：因为光速实在太快了，它传播几千米路程所需的时间实在是微不足道，人根本无法准确测算。事实上，伽利略和他的朋友测算出的时间绝大部分是他们启闭遮光罩的操作反应时间。

后来，人们又用不同的方法对光速进行了测量，然而，仍然由于人力的误差而没能得出准确的数据。直到 20 世纪中后期，由于科学家已经能够相当精确地测算时间和采用激光作为光源，最终才比较精确地测算出了光在真空中的速度。这个速度值就是 299792.458 千米 / 秒，也就是约等于 30 万千米 / 秒。

眼前的星光发自万亿年前

让你徒步行走一年，你能走多远？就算不吃不喝，一天 24 小时以每秒 0.01 千米的百米赛跑速度行走在路上，一年下来你也顶多只能走 30 万千米！而光呢？约等于十万亿千米！这就是光年——天文学上常用的计算天体间距离的单位。

太空中的天体距离我们地球通常都在几百至上千光年，甚至上万上亿光年，所以，当我们抬头看天上的星星时，那些映入我们眼帘的星光其实已经在茫茫宇宙中"长途奔袭"了几百几千年，甚至万亿年。换句话说，现在我们看到的星星都是几百至几千年前，甚至万亿年前的旧星星了。至于该星星

现在是什么模样，那是谁也不知道的，说不定已经完全不存在了！

介质不同，速度不同

光是宇宙中的赛跑冠军，人的眼睛刚眨一下，它已经从一个地方跑到30万千米外的另一个地方去了。不过，这只是指在真空介质中，在不是真空的介质中，光跑得没那么快。例如，在水中，光的速度就只有23万千米/秒；在玻璃中，光的速度也只有20万千米/秒。

光之所以在不同介质中具有不同的速度，是因为不同的介质对光线具有不同程度的阻碍作用。现代物理学认为，光既是一种粒子，又是一种波，而这波是电磁波。电磁波具有这样的特性：在介质中传播时，会对介质产生一定程度的电磁作用。具体到光来说，这种电磁作用我们可以简单想象为：光子在介质中行进，却不断被介质中的粒子"挽留片刻"——被原子吸收一小段时间后又再释放出来。正是在这种"走走停停"中，光子的行进速度变得慢了下来。由于不同的介质粒子对光子的"挽留"作用是不同的，所以光在不同介质中的速度也就不同。真空对光子的阻碍作用最小，因而光在真空中速度最大。

光速是无法超越的

光速是如此地快，人们能不能制造超越光速的机器呢？

答案是否定的。这是因为有质量的物体其运动速度都不可能达到光速。

早在20世纪初叶，伟大的物理学家爱因斯坦就提出了著名的"相对论"。"相对论"认为：质量是能量的一种形式，如果对一个物体施加运动的能量（动能），那么这个能量既体现在速度上（速度增加），又体现在质量上（质量增加）。也就是说，运动的物体其质量会增加。只不过当物体的运动速度远低于光速时，这个增加的质量是微乎其微的，可以忽略不计。但是，当物体的速度接近光速时，这个增加的质量就显著了。如速度达到光速的90%时，其质量会增加一倍多。

7

　　物体运动速度之所以不能超过光速，是因为当我们要它超过光速时，就需要不断对它施加能量，而在它达到光速时，不管给它的能量有多大，都会统统转变成增加的质量，因此，物体的速度就丝毫不会再增大了。

　　所以，任何有质量的物体，其运动速度都是不能达到光速的，只有质量为零的光子才可以以光速运动。

直直的，就不拐弯

周末的下午，爸爸开始忙起了木工活。陈冬见爸爸时常闭住一只眼睛，用另一只眼睛一会儿看看木条的这一端，一会儿又看看那一端，不知道他在干什么。

木匠在做木工活时，常常会像引文中陈冬的爸爸那样眯起一只眼睛目测木条，这其实是在借助光线来确定木条直还是不直。因为光是沿着直线传播的，所以当沿着木条的边缘从一端望向另一端，如果能一眼望到头，中间没什么阻挡，那就说明木条的边缘是直的；否则就是不直的。

只挑最短的走

从一个地方走到另一个地方，为了少走弯路，人们通常只挑最短的直线路程行走。光线似乎也有人的智慧，在同一均匀的介质（如空气、水）中，它从光源出发后，总是以直进的方式抵达目的地。

为什么光线在同一均匀的介质中只走直线呢？对这一问题，不同的科学家有不同的看法，但似乎都不能圆满地解释其原理。在众多的科学解释中，法国科学家费玛提出的"最小光程原理"被认为最有说服力。

费玛认为：任意一种介质（无论是空气还是玻璃、水），对光线都或多或少地存在折射作用，这个折射作用的大小可以用折射率来表示。光线很"聪明"，它在任意介质中传播时，都会自动选取最小的光程。光程就是几何距离和介质折射率的乘积。如果介质是均匀的，那么它每一处的折射率都相同，这就意味着光将沿着几何距离最短的路径传播。而两点间的直线距离正是最短的几何距离，所以光在均匀介质中会以直线方式传播。

遗憾的是，费玛的解释只是现象上的，对于光直线传播的本质，也就是光为什么会这么"聪明"地自动选择最小光程，目前科学界还没能形成一个统一答案。

不会拐弯抹角

光线在传播过程中，总是直直的，绝不"扭扭歪歪"；即便在碰到障碍物时，它也不会因为要"躲避"而"拐弯抹角"。

相信很多人都看过那个著名的《千手观音》舞蹈吧？在这个舞蹈中，观众们看到一个女演员的身后伸出了无数的手，就像千手观音一样，非常壮观！

一个人怎么会有那么多的手呢？其实，这是光线的把戏，它背后的秘密就是光的直线传播。我们知道，我们之所以能看到物体，是因为光照射到物体上时，光线反射回我们的眼睛，从而引起我们的视觉感应。而光是沿着直线传播的，当它从物体上反射时也沿着直线传播。如果此时，在物体与人眼之间有一个障碍物阻挡着反射光的传播，那么反射光就反射不到人的眼睛，也就是人眼看不到这个物体。

回到《千手观音》那个舞蹈节目。其实，不是一个女演员有那么多的手，而是她身后有众多的其他演员伸出了自己的手。只不过，由于光不会"拐弯抹角"，我们无法看到从女演员身后那些演员身上发出的光线，所以最终只看到了那个女演员及所有的手。如果光线可以拐弯，我们就能看到后面的那些演员了。

改道后也是直的

在空气中看，光线是直行的；在水中看，光线也是直行的；可是在空气与水面的交界处看，光线变弯了。但是，如果你细心观察，你会发现，即便光线在空气与水面的交界处发生了变弯改道，但改道后的光线仍然是直的。

费玛提出的光学原理能很好地解释以上这些现象：因为光的直线传播是有前提条件的，这个前提条件就是光线必须在均匀介质中传播。所谓均匀介质就是：首先它是同一种介质，如空气、水等；其次，这同一种介质的与光密切相关的属性值（如密度、温度等）是相等或近似的，如果属性值不相等，那么即便在同一种介质中，光线也不作直线传播——光从密度大的空气中射向密度小的空气中，其路径就不是直线的。

一般来说，空气和水都可以认为是均匀的，其内部对光的折射率处处相等，所以光线在其中作直线传播。但是，当光从空气射向水里的时候，介质发生了改变，折射率也发生了改变，因而此时在空气与水的交界处，光的直线路径也会发生改变。而当光进入水里后，此时光重新处在一个均匀介质中，所以仍然作直线传播。

将 光线反射回去

太阳、电灯、发光虫，因为这些物体本身就会发光，所以我们能看到它们。可是，这个世界上除了太阳、电灯、发光虫之外，还有许多本身不会发光的物体，为什么我们也能看到它们呢？

我们之所以能够看到那些不会发光的物体，原因是光的反射。光的反射是指光线照射到物体表面上时，以一定的角度反弹回来。世界上所有本身不发光的物体之所以能被我们看到，就是因为它们将来自太阳或电灯的照射光线反射回我们的眼睛。

波的效应

光的反射是无所不在的：镜子会反射光线，书本会反射光线，花儿会反射光线，就是我们看不见的空气，它也会反射光线，只不过由于这些反射光线太昏暗，大多数时候我们看不见罢了。那么，或许你会问了：为什么光线会反射呢？不是说光是沿着直线路径传播的吗？

要想回答这个问题，我们就必须先认清光是一种波的事实。荷兰科学家惠更斯认为，光是一种能向四周空间传播能量的波，当一束光从空气中照射到一个物体的界面上时，界面上的每一点都相当于一个点光源，每一个点光源都向四周发射光波。这就是波的效应。

那些从点光源发射出来的光波既可以向物体内传播，也可以向物体外的空气中传播。在物体外空气中传播的光波，经过叠加、合成后就形成反射光；而在物体内传播的光波，同样在叠加、合成后形成了折射光。也就是说，是物体表面无数点光源的叠加、合成使得物体反射了光线。

反射角等于入射角

我们看到的光线大多数时候是亮亮的一片，有时偶尔也能看到一束束的。然而，为了研究的方便，科学家通常只把光线画成一条条的，

这就是光路图。利用光路图，人们能很直观地了解光线传播的一些规律。

在光线反射的光路图中，科学家规定：过入射点且垂直于反射面的直线叫作法线，而入射光线与法线的夹角叫作入射角，反射光线与法线的夹角叫作反射角。无数的实验研究表明：当光线在物体表面发生反射时，反射光线、入射光线和法线都处在同一个平面内；反射光线、入射光线分居法线两侧；反射角等于入射角。这就是光线反射的最基本规律。

镜面反射与漫反射

将一束灯光照射到镜子上，迎着反射光的方向，我们会感到非常刺眼。而如果将同样的这束灯光照射到白纸上，无论在哪个方向看，我们都不会感到刺眼。这是什么原因呢？

原来，虽然光线照射到物体表面上时都会发生反射，但反射的方式是有区别的。当一束光线照射到像镜子这样光滑的物体表面上时，如果这束光线是平行的，那么反射光线也是平行的，这样的反射方式叫作镜面反射。而当一束平行光线照射到像白纸这样粗糙不平的物体表面上时，反射光线通常都是不平行的，且是反射向各个方向的，这样的反射叫作漫反射。

镜面反射因为反射回的光线都是平行集中的，所以迎着反射光线看，我们的眼睛就会觉得非常刺眼；而漫反射反射回的光线是散乱无规则的，所以我们不会觉得刺眼。事实上，这个世界上的光线反射大多数是漫反射，因为世界上的物体大多是粗糙不平的——也正因为此，我们才能从各个方向都能看到世界上的各种不同物体。

筷子"断了"

三岁的小萱萱口渴了，她跑到桌子旁去找水喝。当她看到桌子上放着的一个插有"断"筷子的水罐时，她大吃一惊——"妈妈，妈妈，不好啦！筷子断啦！筷子断啦！"

生活中，我们经常会看到引文中小萱萱看到的情景，插在水中的筷子"断"了。其实，筷子没断，只是光的折射让它看起来像断了。光的折射是光的一个最基本性质。当光在不均匀介质中传播时，光线不再沿着一条直线传播，会发生一定程度的偏折，这就是光的折射了。

都怪介质不均匀

好好直进的光线，怎么会突然发生偏折呢？这都要怪介质不均匀！

我们知道，不同的介质对光子会有不同的阻碍作用，这个不同的阻碍作用使得光线在不同介质传播时速度不同。正是因为速度不同，所以当光线从一种介质射向另一种介质时，其传播路线会发生一定程度的偏折，不再以一个相同的速度直线前进。这个偏折的程度取决于光速的变化。

光从一种介质射向另一种介质，在两种介质的交界处，介质是不均匀的，所以，折射通常只发生在两种介质的交界处（如空气与水的交界处、空气与玻璃的交界处），在两种分开的介质中，光线仍然按照直进方式传播。不过，这并不意味着光线在同一种介质中传播就不会发生折射，它仍然是会发生折射的——只要这种介质不均匀（如不同的区域具有不同的密度），那么光线在其中的速度就会不同；只要速度不同，那么光线就会发生偏折！

15

偏折有规律

光线的折射是有规律的，它可不是想偏折向哪就偏折向哪的。

科学家利用光路图来对光的折射现象进行研究，规定：入射光线与法线的夹角叫作入射角，折射光线与法线的夹角叫作折射角。

实验研究表明，当光从速度大的介质中（如空气）斜射入速度小的介质中（如水、玻璃）时，光线会向下偏折，此时入射光线、法线和折射光线在同一平面上，入射光线和折射光线分居法线两侧，折射角小于入射角。而当光从速度小的介质中斜射入速度大的介质中时，入射光线、法线和折射光线仍在同一平面上，且入射光线和折射光线仍然分居法线两侧，但此时折射角大于入射角。如果让光线垂直射向介质表面，此时光不会发生折射，仍然以直进方式传播。

眼睛看"断"了筷子

折射是光的一种普遍现象，这种现象在我们日常生活中随处可见。小萱萱不了解事物真相，所以才会对"断"了的筷子大惊小怪。

其实，筷子之所以会"断"，完全是因为我们的眼睛将它看"断"了：由于空气和水是两种不同的介质，光在空气中的速度要大于在水中的速度，所以当光从空气中射向水中时，原来直射的光不再直射，而是向直射线下方偏折（入射角大于折射角），从而在筷子实际位置的上方形成视象。从人的视角来看，由于光是可逆的，把我们的眼睛看成发光体，我们看到的物体是入射线直线延伸形成的虚像，由于这条延伸线在折射线的上方，所以我们看到的水中的筷子就位于实际位置的上方，由此一来，筷子看起来就好像折断了。

筷子"折断"现象只有在斜插入水中时才会出现，当筷子垂直插入水中时，偏折现象并不会发生。这是因为，当光从空气中垂直射向水中时，光线并不发生偏折（入射角等于折射角，均为零）。

除了筷子的"折断"，由光折射制造的假象还有很多，像"水池变浅""海市蜃楼"等。

眼睛与光影世界

色彩斑斓的山川、五光十色的城市、五颜六色的花朵真是幸运，我们有一双美丽的眼睛。因为它，我们才能欣赏到这个美丽的光影世界。

眼睛是一个非常复杂的天然光学仪器，它里面包含着许多重要的组织。简单地说，人眼之所以能看到物体，是因为接收了物体反射的光。这些光最初是从眼角膜进来的，进入眼球后便会发生一系列复杂的折射和反射，最终抵达视网膜，在那儿形成影像。

眼睛是台"照相机"

相信很多人都玩过照相机吧？其实，我们的眼睛就是台照相机，而且是全自动、智能的照相机。

从眼睛的剖面图上看，眼睛最前方即覆盖在眼球外表面有一层角膜，它如硬币般大小，薄而透明，就像照相机的镜头。外界光线射到角膜上，犹如照到镜头上一样，会发生有规律的折射，使得眼睛能够将眼前的有序光影图案尽收眼中。眼球内有黑色的瞳孔，它是一个光线通道，而且像照相机的光圈一样可以调节，当外界光线太强，瞳孔便收缩变小；外界光线太弱，瞳孔则放大。因而人在明暗变化的环境中，能保证进入眼睛的光线数量保持在相对稳定的水平。此外，眼睛的最里面有一层视网膜，它相当于照相机的底片，可以忠实地记录下反映物体的图像，这个图像以电信号的形式通过视神经传递到大脑，最终使人产生视觉。

实际上，眼睛的奇妙之处远远超过照相机。例如，把角膜比作镜头，它可折射光线，其实眼睛的折光系统还包括房水、晶状体和玻璃体。而晶状体在进行调节时，自己全然察觉不到，更无须像调节焦距那样去费神操作。再如，人拿照相机进行拍照时，既要根据被摄物体的大小和远近，随时调节焦距，而且要依靠取景范围选择角度、确定构图。可是眼睛视物，这些事情变得异常简单。因为眼球有 6 块肌肉系结着，能随意转动，只要眼球一动，前后左右上下，所有的视线都逃脱不了它的捕捉。

用光线锁定物体

我们的眼睛要看到物体，首先要锁定物体的位置。而眼睛是利用光的直进来锁定物体位置的。

这里有一支笔，你伸手就拿来了。可是你知道你的手为什么能抓得那么

医生在检查眼睛，测试视力。

准吗？其实，其中就包含眼睛锁定物体的原理。

我们知道，光线是沿着直线传播的，当光从笔尖发出后，会有无数条光线射向人的眼睛。但不管有多少条光线，所有的光线自始至终都是从一个光点发出的。也就是说，只要我们确定两条光线的交点，就能确定发光点所在的位置了。如图所示，来自笔尖的两条光线 PO_1 和 PO_2 分别射入人的右眼和左眼。进入眼球后，光线先在前房、虹膜、晶状体等组织器官中发生折射和反射，最后抵达视网膜。视网膜上的视神经将感受到的光线以电信号的形式传递给大脑。大脑根据这些信号，能自动分析出发光点 P 所在的位置，也就是光线 PO_1 和 PO_2 反向延长线相交的位置。因而，在大脑的指引下，人伸手就能准确抓住笔了。

刚入暗室"两眼一抹黑"

你有过这样的经历吗：刚进入漆黑的屋子，会突然觉得"两眼一抹黑"，什么东西也看不见，可等过了一段时间后，又逐渐能看见屋子内的事物了？

其实，这是眼睛跟我们玩的把戏。人的眼睛可分为两个系统：一个是屈光系统，能使外界的光线，通过屈光系统到达视网膜；另一个是感光系统，可通过在视网膜上的感光细胞将光信号经视神经传送到大脑。感光细胞有两种，一种叫视杆细胞，它对弱光敏感，只在暗处起作用。另一种叫视锥细胞，它对强光敏感，主要在明亮处起作用。当人从明亮处进入黑暗处时，原来发挥作用的视锥细胞一下子失去作用，不能产生视觉，而能在暗处起作用的视杆细胞又因细胞内的视紫红质被强光分解了，到暗处后还得合成才能发挥作用，因此就产生了短暂性的黑暗。

视紫红质是一种能提高对弱光敏感度的结合蛋白，由视黄醛（也叫网膜素）和视蛋白结合而成。据科学家测算，人在暗处停留 5 分钟，眼睛内即可以生成 60% 的视紫红质；约 30 分钟后，视紫红质即可全部生成。因此在暗的地方停留时间越长，眼睛则对弱光的敏感度就越高，看到暗处的事物也就越清晰。

AISHANG KEXUE YIDING YAO
ZHIDAO DE KEPU JINGDIAN

SHENMI DE GUANG
神秘的光
一定要知道的科普经典

爱上科学

天空为什么是蓝色的

蓝天下的草地上，琳琳正围绕在妈妈身旁撒欢。突然，琳琳停了下来，她指着头顶上的蓝天，好奇地问妈妈："妈妈，为什么天空是蓝色的呀？"妈妈笑着回答说："因为太阳光的散射啊。"

我们抬头所能见到的天空是由一层厚厚的大气围成的，大气原本是无色的，但是在太阳光的照射下，大气中的微粒和空气分子会使有色光向各个方向分散，从而使大气看起来也有颜色。太阳光的这种分散现象就叫作散射。

蓝光的功劳

太阳光里面包含着红、橙、黄、绿、青、蓝、紫七种颜色的光，在散射时，七种色光都会发生分散。可为什么我们最终只看到蓝色的天空呢？

原来，这跟各有色光的散射强弱有关。科学家经过研究发现，当太阳光通过大气层时，大气分子对太阳光的散射强弱对不同颜色的光是不同的，经计算得知：散射光的强度与光的波长的四次方成反比。也就是说，光的波长越小，散射光的强度也就越强。在太阳七色光中，紫光的波长是最小的，其次是蓝光，红光的波长最大。因此，当太阳光通过稠密的大气层时，大气中的分子对波长较小的紫光和蓝光的散射作用最强，它使得大气中弥散了大量的紫光和蓝光。

21

爱上科学
神秘的光
一定要知道的科普经典
SHENMI DE GUANG
AISHANG KEXUE YIDING YAO
ZHIDAO DE KEPU JINGDIAN

那么，为什么我们看见的天空是蓝色的，而不是紫色的呢？这是因为，当散射光穿过空气时，空气会吸收它的大量能量。波长最短的紫光虽然散射最强烈，但同时它被空气吸收的能量也最多。因此，当阳光到达地面时，所剩紫光的散射其实已经并不多。另外，比起紫光来，人的眼睛对蓝光更敏感，所以，我们看到的天空通常就是蔚蓝色的了——它是光谱中蓝色与紫色间的一种混合色。

太空中看不到蓝天

我们有一个蔚蓝的天空，每天我们都在这片蓝空下生活。可是你知道吗，蔚蓝的天空其实只是我们在地球表面上看到的样子，出了地球表面，到外太空再看地球，地球可就不再是蔚蓝色的了——它是一片昏暗的颜色。

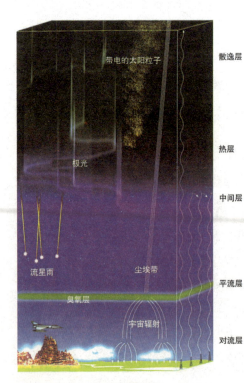

大气层结构

这又是什么原因呢？

原来，我们之所以能看到物体，且能识别物体的颜色，是因为从物体反射的有色光进入我们的眼里，引起我们的视觉反应。由于地球不是一个发光体，当宇航员在外太空时，只能依靠地球反射的太阳光来看地球。但由于地球反射的太阳光是比较微弱的，且经过外太空传播后有不小损失，所以，通常宇航员看到的地球不会太清晰。

又由于太空中没有大气，经地球反射的微弱太阳光不能像在地球表面一样进行散射，所以太阳光所包含的各种有色光不能独

立地呈现在宇航员眼前。所以，宇航员在太空中看地球，既不会看到蔚蓝的天空，也不会看到其他彩色的天空，只能看到由暗淡白光反射出的暗淡天空。

污染正在剥夺我们的蓝天

蓝天是大自然赐予我们的珍贵礼物。可是你知道吗？这个礼物目前正在被大自然慢慢收回。理由很简单——因为大气的污染。

随着人类工业化进程的加快，人类每天都会向天空中排出大量的污染物。这些污染物以气体、烟雾、固体小颗粒的形式飘浮于空气中，不但威胁着人类的呼吸系统，还影响着人的视线。你知道在没有污染和污染严重的地方观看天空的区别吗？

爱上科学

SHENMI DE GUANG
神秘的光
一定要知道的科普经典

AISHANG KEXUE YIDING YAO
ZHIDAO DE KEPU JINGDIAN

工业污染

海洋污染

在没有污染的地方（例如乡村），天空湛蓝得就像一匹刚从染缸里洗出的蓝布，明亮而清新，这里的太阳是接近白色的金黄色太阳。而在污染严重的地方呢（例如工业城市）？天空就像沾染上无数灰尘的脏衣服，暗淡而混浊，尽管也能看到蓝色，但更多的是一种灰蒙蒙的红色；至于太阳，那更是失了真——它已经不再是一个原色的金黄太阳了，而成为一个暗红的太阳。

为什么这样呢？就是因为污染城市的上空悬浮了太多的污染物，这些污染物在吸收大量太阳光能量的同时，也吸收掉了大量短波长的色光（如蓝紫光），只让长波长的红光透过。能量被吸收了，天空自然就看起来暗淡；而只让红光透过，太阳看起来自然也就是暗红色的了。

由此可见，大气污染对蓝天的威胁是多么大！人类应该行动起来了，阻止过量污染物向大气排放。否则，在不远的将来，人类很可能将再也看不到蓝天！

AISHANG KEXUE YIDING YAO
ZHIDAO DE KEPU JINGDIAN

SHENMI DE GUANG
神秘的光

爱上科学

一定要知道的科普经典

阳光下的海水世界

站在海边，极目眺望，大海是蓝色的。然而，当你舀起一盆海水观察，你会发现海水是无色透明的。这是怎么回事？难道我们的眼睛会欺骗我们吗？

海水原本是无色透明的，之所以显现出我们常看到的蓝色，完全是太阳光的功劳。太阳光就像一个出色的调色师，它能将各种不同的物体调成不同的颜色，而且，就算是相同的物体，在不同的场合，它也能被调成不同的颜色。

大海一片蓝

太阳光是怎样将大海调成蓝色的呢？

我们知道，反射色光是物体呈现颜色的主要原因。当太阳光照射到物体上时，物体不仅会吸收一部分色光，也会反射一部分色光。反射什么颜色的光，在我们的眼睛看来，物体就呈什么样的颜色。

太阳光照射到海面上，一部分光被反射回来，另一部分光折射进入水内。进入水内的光线在传播过程中会被水吸收。水对光的吸收是与光的波长有关的，它对波长较长的光具有较强的吸收能力，而对波长较短的光则吸收能力较差。红光、橙光、黄光等长波色光在不同的海水深度内均被吸收，并使得海水的温度升高；中波长的绿光在到达一定海水深度时，也被吸收；只有波长最短的蓝光和紫光，在遇到水分子或其他微粒时会四面散开，或反射回来。

爱上科学

SHENMI DE GUANG
神秘的光
一定要知道的科普经典

AISHANG KEXUE YIDING YAO
ZHIDAO DE KEPU JINGDIAN

由于人眼对紫光是不敏感的，它反射到人眼时，人眼往往对它"视而不见"，所以，最终我们看到大海就呈蓝色了。

或许你会问：为什么从远处看海水是蓝色的，而在近处舀起看时却又是无色透明的呢？这是因为海水只有在具有一定的深度和较大的范围内，才能吸收足够的长波光，也能反射回足够的蓝紫光，从而引起人的色觉反应。而在近处，在较浅和较狭窄的范围内，从海水中反射回人眼的色光是不足以引起人的色觉反应的。

浪花朵朵白

远眺的大海是蓝色的，近观的海水是无色透明的。然而，如果你细心观察，当海水拍在堤岸上形成浪花时，你会发现此时的海水既不是蓝色的，也不是无色透明的，而是白色的！

怎么样，有趣吧？其实，这还是太阳光的作用。

因为浪花主要是由泡沫和一些小水珠组成的，泡沫的表面是水膜，而小水珠就像一些小棱镜，所以当光线照在泡沫和水珠上时，在它们的表面发生

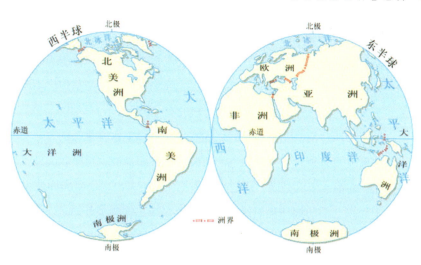

反射和折射。折射到泡沫和水珠内的光线，射出时又碰到周围的泡沫和水珠的表面，又将发生反射和折射。如此经过多次折射和反射后，最终光线从各个不同的方向反射出来。又因为泡沫和水珠的表面对各种色光的反射机会是均等的，不会单独将某一种或某一些色光（如红光、蓝光等）反射出来，所以最终从浪花出来的光线仍然是汇合了各种色光的白光。所以，在日光下我们看到的浪花就是白色的了。

奇趣的有色海

　　世界上绝大数的海洋都是蓝色的。然而，也有一些海洋，因为海水中悬浮有色物质太多，或者其他一些原因，在光线的作用下纷纷呈现出不同的颜色来。下面就让我们来认识认识那些奇趣的有色海吧：

　　在印度洋西北部，亚洲和非洲之间有一个世界上水温最高的海，它叫红海。红海里大量繁殖着一种红褐色的海藻，这种海藻能大量吸收除红光外的其他色光，使海水温度升高，同时也把海面染成一片红色。红海因此得名。

　　太平洋东北部的加利福尼亚湾，南部有血红色的海藻群栖息，北部有科罗拉多河在雨季时带来的大量红土。红藻和红土使得这一片海呈现出朱红的颜色，因此被称为"朱海"。

　　白海是北冰洋的边缘海，它深入俄罗斯西北部内陆，横跨北极圈。由于白海所处纬度高，气候严寒，终年冰雪茫茫，因此在太阳光照射下，海水始终呈现一片白色，故名为"白海"。

　　在地中海东北部、连接欧亚大陆的地方有一个黑海，它通过博斯普鲁斯海峡和达达尼尔海峡与地中海进行水交换。由于海峡又窄又浅，大大限制了

夜光虫大量繁殖会造成赤潮

黑海与地中海的水交换，所以黑海深层缺乏氧气，上层海水中的生物分泌物和尸体沉至深处腐烂发臭，混浊了海水，所以，黑海看起来是黑色的。

我国也有一个有颜色的海，它叫黄海。黄海是古代黄河的入海口，黄河夹带的大量泥沙流入海中，把蓝色的海水"染"黄了。虽然现在的黄河改向渤海倾泻，但黄海北面经渤海海峡与渤海相通，加上它要承受淮河、灌河等河流注入的河水，因此海面仍然呈现浅黄的颜色。

七彩的"桥梁"

夏日，雨后初晴，天空中突然出现了一条七彩的"桥梁"。这"桥梁"横跨天空的两端，将天空中能见到的最美色彩都展现在人们的面前——哦，这就是美丽的彩虹！

彩虹是雨后天空中的一道亮丽风景，它就像一条绚烂的丝带，镶嵌在蔚蓝的天空里。这条绚烂的丝带可不是凭空出现的，它是由太阳光和小水滴共同织造的。

阳光与水滴织就的彩带

当天空中刚下完一场大雨之后，空气会变得非常潮湿，天空中充满了体积很小的小水滴。这时，一缕缕太阳光照射下来，正好穿过小水滴。小水滴对太阳光具有折射和反射作用。阳光先是在小水滴中折射一次，然后在水滴的背面反射一次，最后离开水滴时再折射一次。这最后折射出来的光线便是射到我们眼中的光线。

由于小水滴对不同波长的色光的折射率是不同的，因此太阳光从小水滴中折射出来后会发生色散。其中，紫光偏折最厉害，它散于光谱的最内层；红光偏折最小，它散于光谱的最外层；而其他颜色的光则夹在这两者之间。于是，根据光谱规律，这折射出来的光线最终就形成了一条由红、橙、黄、绿、青、蓝、紫七色光组成的彩带，这就是彩虹。

AISHANG KEXUE YIDING YAO
ZHIDAO DE KEPU JINGDIAN

SHENMI DE GUANG
神秘的光

爱上科学

一定要知道的科普经典

奇特的双虹

　　彩虹出现的时候，通常只有一道。可是，有时候天空中也会出现双道的彩虹。你知道这是怎么回事吗？

　　原来，太阳光在照射到小水滴上时，通常只在小水滴内部发生一次反射，然后就从水滴的表面折射出来，形成彩虹。但是，由于太阳光入射角度的不同，有时，光线也会在小水滴内部形成两次反射，然后再折射出来。这两次反射的结果就是：在原来一道彩虹的上方又形成了一条彩色较淡的光弧，这就是双虹。较淡的光弧叫作"霓"，也叫"副虹"。

　　通常，形成虹的太阳光是从水滴的上部分入射的，而形成霓的太阳光则由水滴的下部分入射。由于霓经过了两次内反射，它的光序颠倒了，所以霓的光谱排列顺序与虹是正好相反的。也就是说，形成霓的色光由外到内分别是紫、蓝、青、绿、黄、橙、红。又由于霓的内反射次数较虹多，能量损失比较大，所以霓的色彩比虹暗淡。

夜间也会有彩虹

　　1961年1月5日晚10点钟左右，苏联科学考察船"尤·米·绍卡尔萘基"号上的科学家正在太平洋热带洋区进行观察。突然，他们看到了一个罕见的自然现象——夜间的彩虹，也就是夜虹。

　　这是又怎么回事呢？彩虹怎么会在夜间出现？此时连太阳光都没有啊！

　　原来，彩虹虽然一般是由太阳光直接照射小水滴形成的，但有时间接反射的太阳光也能形成彩虹。夜虹就是由间接反射的太阳光——月光形成的。在明月当空的夜晚，月光照射到对面有大量小水滴悬浮着的天空，在经过两次折射和一次反射后，就会在空中形成夜虹。

　　因为月光是太阳光的反射光，所以夜虹光色的排列次序和昼虹是一样的，只是由于月光比日光弱得多，所以夜虹也要比昼虹暗淡得多，所以难以被人们发现。

彩虹总是圆弧形的

　　不论是虹还是霓，不论是夜虹还是昼虹，它们都是呈半圆形或弧形的彩带，想要它们变成其他形状都不行。这是因为，当我们在观察彩虹的时候，我们只能够看到从某些水滴投射到我们眼里的各种有色光线，而这些水滴在空中都是按圆周排列的，且在这个圆周上，所有的水滴都居于向着太阳同时又向着观察者的位置。只有从这个圆周上的水滴里所反射出来的彩虹光线，才会落入我们的眼帘。因此，我们看到的彩虹只能是圆弧状的。

　　也正是因为此，我们面对着太阳是看不到彩虹的，只有背着太阳才能看到彩虹。所以，早晨的彩虹通常出现在西方，而黄昏的彩虹通常在东方出现。

科学小常识

彩虹总在风雨后

　　彩虹最常出现在风雨之后的下午，尤其是夏天的下午。因为这时空气内尘埃少而充满小水滴，天空的一边因为仍有雨云而较显暗淡，而观察者头上或背后已没有云的遮挡而可见阳光，所以彩虹便较容易被看到。另一个经常可见到彩虹的地方是瀑布附近。

爱上
科学

SHENMI DE GUANG
神秘的光
一定要知道的科普经典

AISHANG KEXUE YIDING YAO
ZHIDAO DE KEPU JINGDIAN

山中惊现怪影

> 高高耸立的山上，云雾缭绕，光影重重。爬山的人们此时要注意，在山顶的某个角落，有时天空中会突然出现一些奇怪的"人影"。如果你不了解事物的真相，你可能会被这些"人影"吓一跳。

其实，所谓奇怪的身影，绝大多数是光线的把戏。大山因其独特的地理环境，汇聚了大量的云雾，吸收了各样的光线，正是这些云雾和光线共同为我们制造了一个又一个的"怪影"。

云彩中的"佛光"

在中国的峨嵋山，游客有时会看到这样一种现象：在对着太阳光的云雾中，天空中突然出现一个人的影像。这个人像不是单独出现的，它伴随着周围的一道彩色光环同时出现，就像佛教中佛祖的形象。

在古代，人们不了解事物的真相，认为这是佛祖显灵。其实，这只不过是一种普通的光学现象而已。其本质是：太阳光自观赏者的身后，将人影投射到观赏者面前的云彩之上，云彩中的细小冰晶与水滴形成独特的圆圈形彩虹，包围着人身。"佛光"发生在白天，使其产生的三要素是太阳光、云雾和特殊的地形。只有当太阳、人体与云雾处在一条倾斜的直线上时，"佛光"才会产生——从早晨到上午，太阳从东方向西方移动，此时若有"佛光"，

34

"佛光"只会在西边出现；下午，太阳移到西边，佛光则出现在东边；中午，太阳垂直照射，此时不可能出现"佛光"。"佛光"出现时间的长短，取决于太阳光是否被云雾遮盖和云雾是否稳定。如果天空中出现浮云蔽日或云雾流走，那么"佛光"会即刻消失。一般"佛光"出现的时间为半个小时至一个小时。

披着虹光的"巨人"

有一次，登山爱好者们在瑞士的阿尔卑斯山爬山，忽然遇上了一阵大雨。大雨过后天气放晴，登山爱好者们又继续向前行进。眼看他们马上就要登上山顶，这时，一个奇特的现象发生了：只见在东方云朵的背景里，一个周围环绕着一个像彩虹一样光环的巨大人影突然显现在爬山者们面前。走在最前面的一个爬山者吃了一惊，他下意识地向上举起自己爬山用的木棍，而与此同时，那个"巨人"也做出了相同的动作。爬山者们都惴惴不安地抵达了山顶，然而又迅速下山。

其实，这也是光线制造的幻象，它的形成原理与"佛光"差不多。大致是这样的：太阳刚升起或是刚落下时，太阳对面的天空还有云或浓雾。当太阳光直射到人身上时，人的影子就投射在云层上。倘若云层相当厚，这时人影就会相当清晰地显现出来，就像巨大的银幕一样。同时，由于空气中经常有很多小水珠和小冰晶，当阳光通过这些水珠和晶体在空气里所形成的细小间隙时，光线就像在三棱镜里一样会发生折射而分散开来，形成单彩虹。"巨人"周围的巨大彩虹光环，就是由于这种原因引起的。

空中的楼阁

> 平静的海面上，天空中突然冒出了一幢幢高楼大厦。这一奇特的景象惊呆了在海滩上玩耍的孩子们，他们睁大了眼睛，不解地望着身旁的父母——楼阁都建在地上，为什么天空中会出现楼阁呢？

天空中之所以会出现楼阁，是因为出现了海市蜃楼。海市蜃楼是一种奇特的光学现象，它利用光的折射和反射将陆上的物体（不仅仅楼阁）展现在空中。海市蜃楼不仅发生在海面上，在沙漠里、在公路上，人们也能看到海市蜃楼。

近在眼前，远在天边

一个骆驼商队在沙漠里旅行。烈日炎炎，长途跋涉，旅行者们干渴难忍，只希望能找到一点水喝。这时，远处的沙漠上空突然出现一片碧绿的湖水，湖水波光粼粼，湖畔植物茂盛。旅行者们一阵惊喜，他们以为水源已经近在眼前了，于是奋力往前赶。可是，无论他们怎样赶，始终都走不到湖畔，就好像那"水源"在天边的一样。最后，他们只能望着"水源"兴叹！

这是怎么回事？

其实，这就是沙漠里的"海市蜃楼"。在沙漠里，白天沙石受到太阳的炙烤，沙石附近的下层空气气温上升极快，而上层空气的温度却仍然很低，

这就造成了上下层的空气气温存在着显著的差异。由于热胀冷缩，沙石附近的下层空气分子会向四周围运动，由此造成下层空气的密度要小于上层空气，进而使得下层空气的折射率也要小于上层的空气。当从远处较高物体反射出来的太阳光，从上层较密空气进入下层较疏空气时，会被不断折射，折射的光线逐渐偏离法线方向，从而使得其入射角逐渐增大。当入射角增大到一定角度（这个角度叫临界角）时，光线不再折射，全部反射回来（这叫全反射）。反射的光线进入人的眼睛，便在人眼内形成视像（如图）。由于这个视像是光线经过多次折射后形成的虚像，所以它与实际位置是偏离的。通常，在沙漠中看到的"海市蜃楼"，其图景是下移的，且是倒立的。

✏ "眼见"不一定"为实"

人们都说"耳听为虚，眼见为实"。可是，有时候我们眼见到的也不一定是真实的，就像下面的这个故事：

20世纪三四十年代，一艘从欧洲开往美国的轮船航行在大西洋上。在快到达海岸时，轮船上的几百个乘客突然非常清楚地看到，一艘满载着身穿16世纪服装的海盗的古老帆船正快速地驶向他们。轮船上的乘客都吓坏了——这是怎么回事？真是活见鬼了，20世纪的海面上怎么会出现16世纪的帆船！

其实，这只是海市蜃楼而已。这个海市蜃楼发生在海面上，它的发生原理与沙漠中的"海市蜃楼"大同小异：夏季的白天，海水温度较低，特别是有冷水流经过的海面，水温更低。下层空气受水温影响，较上层空气为冷，这就形成了下层空气密度比上层空气密度大的格局。假设这时，在我们的视线之外有一艘帆船，它会反射太阳光。当反射的太阳光经密度大的下层空气逐渐折射进密度小的上层空气中时，会在上层空气中产生全反射。反射回的光线就在人眼内形成视像。由于人的视觉总是感到物像是来自直线方向的，所以我们所看到的帆船映像实际上比实物抬高了许多。

回到上面这个故事，轮船上的乘客之所以在海面上看到16世纪的帆船，是因为当时在海岸边有一个电影公司正在拍摄一部电影，这部电影叫《荷兰飞船》，影片中有许多身穿16世纪海盗服的演员。由于光的折射、反射作用，空气最终将这艘"荷兰飞船"的假象呈现在轮船上的乘客面前。

偏爱海洋和大沙漠

人们经过长期的观察，发现海市蜃楼偏爱海洋和大沙漠，通常只在海面和大沙漠中出现，且出现的时间多为夏季。这又是什么道理呢？

原来，海市蜃楼出现的关键在于天空中存在两层密度差异较大的空气层，而只有在夏天的海面或沙漠上，这样的空气层才较容易形成。因为，夏天的海面或沙漠，其上下两层空气的温度差异较大，温度差异较大，空气密度的差异自然就较大。

无论是沙漠中的海市蜃楼，还是海面上的海市蜃楼，它们都只能在无风或风力极微弱的天气条件下出现。因为当大风一起，上下层的空气会发生搅动混合，这很容易就减小了上下层空气密度的差异，从而不利于光线的折射和全反射。

爱上科学
SHENMI DE GUANG
神秘的光
AISHANG KEXUE·YIDING YAO
ZHIDAO DE KEPU JINGDIAN
一定要知道的科普经典

看 太阳七十二变

《西游记》里有一个拥有七十二变魔法的孙猴子，他一忽儿变成小蜜蜂飞到师父唐僧的颈上，一忽儿变成神兽与妖怪恶斗大自然中也有一个会七十二变魔法的"孙猴子"，它就是太阳！

太阳在我们的印象中是恒久不变的：它永远独自一"人"挂在天空，它总是金黄色的，它只能是圆盘形的。然而，这并不绝对，当大气符合一定条件时，太阳也是会变化的，而且变化的花样还很多。

一个变四个

2006 年 3 月 3 日，当中国黑龙江大庆的人们从熟睡中醒来，他们中的很多人像往常一样拉开窗户。这时，他们从窗户中看到了一幕令他们惊讶的情景：在湛蓝的天空中，四个椭圆形的太阳像耀眼的轮盘并排在高空。四个太阳中，中间的那个最大，它被里外两层的彩色光圈环绕着，其中里层的光圈又挑着两个小太阳，使它们分居在两侧。在大太阳的正上方，第四个亮晶晶的小太阳镶嵌在里层的彩虹上，映衬着大太阳的光辉。

这就是太阳变的第一个"法术"：一个变四个！

其实，太阳变的这个"法术"在光学上叫作"假日"，它是一种特殊的日晕。日晕与我们常见的彩虹有些类似，它是由柱状冰晶折射和反射太阳光引起的。晕的形成常在五六千米的高空，那里垂直地悬浮着许多细小的正六边形冰柱，当光线通过冰柱，经过有规律的折射和反射，便会形成几个太阳的虚象，这就是假日现象了。

假日必须在特定的气候环境或气象条件下才能形成，一般以"三日凌空"现象较为常见，"四日"也时常能见到，"二日凌空"则很少能看到。

黄色变绿色

1951年9月26日，日落时分，苏格兰的居民看到了一轮蓝色的落日。第二天，这轮蓝色的太阳又出现在法国、葡萄牙、丹麦、摩洛哥的上空，它的颜色随着地点和时间的改变而逐渐由蓝色变为蓝宝石色和淡青色。此外，太阳有时也变成绿色。

太阳应该是金黄色的，怎么是蓝色的或绿色的呢？原来，这是大气的杰作。包围着地球的大气就像一个巨大的棱镜，将位于地平线附近的太阳光分解成各色光线。大气对不同波长的光的折射程度不同，波长越长，折射越小。当大部分太阳光已位于地平线以下，只有很小一部分露在地平线上时，由于折射的作用，显露出来的只是太阳的绿光、蓝光。蓝光极易被大气分子散射掉，所以，这时人们就会看到发绿光的太阳了。

太阳之所以会变蓝色，是因为空气中的悬浮物，如尘埃、小水滴等也会散射太阳光。其中直径为0.6~0.8毫米的尘埃微粒散射太阳光的能力非常特别，它们散射红、黄光的能力反倒比散射蓝光大。如果某个时间，天空中悬浮着足够多的这种微粒，那么红、黄光就会被散射掉，而留下蓝光，所以这时太阳就变成蓝色的了。

圆形变方形

太阳是圆形的，这是人尽皆知的常识。可是，你知道吗？太阳还有其他的形状。如果你在海滨，有时你会看到这样一种情景：天空中挂着的太阳既不是中天时的正圆形，也不是日落时的椭圆形，而是一种长长的扁平形，如同中国古代的宫灯。

太阳原本是圆形的，怎么就变了形了呢？

这又是太阳玩的一个"法术"，这个"法术"是借助大气来完成的。具体来说：大气的折射率主要是取决于大气的密度，而大气密度又与温度和压力有关。在海洋上空，大气中的上下对流现象较少，因此，容易形成温度和密度不同的气流层。来自太阳不同部位的光通过这些气流层，经折射后，改变了原来的排列次序——太阳上部边沿的光线较下部边沿的光线更接近地平线，通过的大气层薄，折射层次少，弯曲程度小，抬高程度也小；而太阳下部边沿的光线则恰恰相反。由于上下部分光线的抬高程度不一样，这就使得太阳的垂直直径发生了缩短，这样，我们就看到变形的太阳了。

变形的太阳在沿海较易见到，而在大陆地带则不易见到，这是因为大陆地带的大气上下对流较严重，不容易形成折射率各不相同的气流层。

AISHANG KEXUE YIDING YAO
ZHIDAO DE KEPU JINGDIAN

SHENMI DE GUANG
神秘的光
一定要知道的科普经典

爱上科学

天上星，亮晶晶

"小小星星亮晶晶，为何老是眨眼睛"书房里，读书机里正发出稚嫩的读书声。而在书房外的阳台上，同样稚嫩的小程程正在缠着奶奶一起数天上的星星。

天上的星星实际上大多数是宇宙中的恒星，它们像太阳一样燃烧发光，而且有很多比太阳还要巨大。只是因为距离地球太过遥远，因此在我们地球上看起来，它们只像一个一个的亮点。

一闪一闪的

满天的繁星就像无数顽皮的儿童，它们总是一闪一闪地向人们眨着眼睛。

美丽的星空

那么，你知道星星为什么会"眨眼睛"吗？

其实，星星的"眨眼"是由光线的折射造成的。我们知道，地球的表面是由大气围成的，大气层非常厚，但在不同的地方空气的疏密程度不一样，有的地方空气密度大，有的地方空气密度小。另外，由于天气的变化，大气层的各处时刻在做抖动，这抖动加剧了空气密度的不均匀程度。

星星距离我们都非常遥远，从它们身上发出的星光可以认为只是细细的一束。当这束细细的星光进入大气层时，会发生折射。由于光的折射是与空气的密度有关的，而大气层有好几层，各层大气的密度都不相同，且它们上下翻腾，动荡不定，所以当星光穿过时，光线的折射也会随之变化，时而汇聚，时而分散，忽而向左，忽而向右，这就造成了一闪一闪的效果。于是，在我们的眼睛看来，星星就像在眨眼睛一样了。

行星不"眨眼"

有没有不"眨眼"的星星呢？

有，那就是行星。行星本身并不发光，要靠反射太阳光才能发亮，虽然

神秘的光
SHENMI DE GUANG
AISHANG KEXUE YIDING YAO
ZHIDAO DE KEPU JINGDIAN
一定要知道的科普经典
爱上科学

它们的体积小，但比恒星离地球近得多，所以不仅看上去比其他恒星大得多，而且从它们身上反射出来的太阳光也不能再是细细的一束，而是许多束。

当来自行星的这许多束光线射向地球时，虽然它们在大气层中也会发生折射，但在某一时刻，一些光束射不进我们的眼睛，另外一些光束却正好射进我们的眼睛。光束间相互弥补，我们就感觉不出行星有明暗的变化，所以，行星就不会"眨眼"了。

🚀 明暗有区别

日落之后，浩渺的夜空就成了星星们的乐园，它们用自身的光彩将夜空装扮得分外美丽。可是，你知道吗？并非所有的恒星都是如明珠般闪亮的，有些恒星仅仅隐隐约约地闪烁着微弱的光芒。

恒星之所以会有明暗的不同，是因为不同的恒星，其发光能力有强有弱；另外，也是更重要的原因，是因为不同的恒星距离我们地球的远近不同，一般来说，恒星距离我们越近，看上去就越亮。

宇宙中的恒星星云

天文学家用亮度来表示恒星的明亮程度，可是，亮度并不能代表恒星的实际发光能力。天空中的亮星，有的可能真的是颗发光能力很强的恒星，但也有可能只是因为它离我们特别近，才显得亮。相反，有些看上去比较暗的星也不一定真暗，尽管要通过望远镜才能观测到它们，但它们的发光能力可能要比某些亮星还要强许多，只是由于它们距离我们太遥远，所以看上去才显得比较暗。

"月明"则"星稀"

我们都有这样的经验：在远离闹市区、空旷的野外，我们很容易就能观察到天上的星星，而且观察得还很清晰；而在建筑物密集、灯火辉煌的闹市区，我们观察星星却不太容易。这又是什么道理呢？

原来，这跟光亮的对比有关。我们可以做一个简单的实验：在一个黑暗的屋子里点一盏 10 瓦的小电灯，小电灯看起来很亮；而当在这个屋子里同时点亮一盏 100 瓦的电灯时，10 瓦的小电灯看起来就不那么亮了。闹市区之所以不太容易观察到星星，就是因为闹市区的街道灯光、商店灯光以及住宅灯光很亮，它们照射到天空中时，将整个夜空都照亮了。在这个光亮背景的映衬下，天上的星星自然看起来就不那么清晰了。当然，市区不易观察星星，还有空气污染严重的原因。

同样的道理，没有月亮的夜晚比有月亮的夜晚更容易观测星星。因为有月亮的夜晚，月光将天空照得很亮，在它的掩盖下，星光就相对显得暗淡。所以，人们常说"月明星稀"，这是有道理的。

46

AISHANG KEXUE YIDING YAO
ZHIDAO DE KEPU JINGDIAN
SHENMI DE GUANG
神秘的光
一定要知道的科普经典
爱上科学

绚烂的极光

冬夜，在挪威北部的芬马克郡，天空中突然现出一道道绚烂耀眼的光辉。对这一壮丽的景观，摄影师们自然不愿放过，他们举起手中的相机，"咔咔"地按下了快门。

摄影师们拍到的是什么呢？答案是极光。极光是一种神奇的光学现象。在南北极附近的高空，夜间常会出现灿烂美丽的光辉，这就是极光了。极光按出现区域是在北极还是南极，可分为北极光和南极光。

太阳风的功劳

极光是大自然最美丽的舞者。看，那五彩缤纷、绚烂多姿的极光，它轻盈地飘荡着，时而"散洒"出一条条的丝带，时而又"聚拢"起一团团的火焰；时而"穿上""绿衣"，时而又"穿上""红衣"。

要问大自然为什么能"造出"这绚烂多彩的极光，答案还要从太阳中来。太阳就像一台强劲的能量机器，它不断以光和热的形式释放出能量，形成强劲的"太阳风"。太阳风是一种带电粒子流，它在地球上空流动，以大约每秒 400 千米的速度撞击 5 万 ~6.5 万千米处的地球磁场。在撞击的过程中，大部分带电粒子损失，只有 1% 的带电粒子"侥幸"钻入了地球的大气层。它们与高空大气中的氧、氮等原子相遇，使得这些原子在吸收带电粒子所含的能量时，立即又将这部分能量释放出来，产生极强的光。这就是极光。

绚丽的极光

由于高层大气是由多种气体组成的，不同元素的气体受袭击后所发出的光与未袭击前的颜色不一样，比如氧被击后发出绿光和红光，氮被击后发出紫色的光，氩被击后发出蓝色的光，因此极光在形成时就显得绚丽多彩、变幻无穷。

只在极地"表演"

极光虽然美丽无比，可是它不是在什么地方都会展现，只有在北极圈和南极圈附近，人们才能欣赏到它的美丽身影。

极光之所以对"表演"场地如此"挑剔"，跟地磁场的构造是有关的。我们知道，地球本身就是一个巨大的磁铁，它两端的磁极，也就是地球磁场的磁南极、磁北极分别在地理的北极和南极。通常情况下，相比其他部位，磁极的吸引力是最大的，所以地理的南极和北极最容易吸引外界粒子。又由于地球磁场的形状像一个漏斗，它的尖端对着南北两个磁极，因此当太阳风吹向地球时，在地球磁场的作用下，带电粒子会沿着"漏斗"沉降，最后来到两极地区，从而在两极地区形成极光。此外，由于两极的大气层最为稀薄，所以太阳风也能较容易从两极钻进来，形成极光。

极光主要发生在南北纬度 67° 附近的两个环状带区域内，南极大陆、美国阿拉斯加北部、加拿大北部、冰岛北部、挪威北部、新西伯利亚群岛南部和我国黑龙江北部都位于这一区域，所以在这些地方都能看到极光。

不时"搞搞破坏"

极光确实是美丽无比的，不过有时候人们并不欢迎它，因为它会不时地"搞搞破坏"。

极光本身携带很高的能量，据科学家测算，一年出现的极光，其所带的能量相当于整个地球一年的发电总量。当这些巨大的能量投放到地球上时，会对地球上的一些设施造成影响。如：它能"骚扰"电离层，影响短波无线电信号的传播；它所产生的强力电流，可以集结在长途电话线上，从而使电路中的电流局部或完全损失，甚至使电力传输线受到严重干扰。在极光频发的地区经常会发生由极光引起的事故，像美国、加拿大等地便多次发生这样的事故。

科学小常识

极地上空有个"极光卵"

如果我们乘宇宙飞船从太空望地球南北极，会见到地球磁极附近围绕着一个闪闪发亮的光环，这个环叫作"极光卵"。极光卵的形成是由于极光向太阳的一边被压扁，而背太阳的一边却被拉伸。极光卵处在连续不断的变化之中，时明时暗，时而向赤道方向伸展，时而又向极点方向收缩。

爱上科学
SHENMI DE GUANG
神秘的光
AISHANG KEXUE YIDING YAO
ZHIDAO DE KEPU JINGDIAN
一定要知道的科普经典

月亮真被天狗吃了吗

夏日的夜晚，原本亮堂堂的一轮明月突然变得漆黑一片。在月下乘凉的小京辉惊恐地望着身旁的爸爸："不好啦，奶奶说的，月亮让天上的天狗吃掉啦！"爸爸笑着摇了摇头。

正如引文中小京辉看到的那样，有时月亮真被天狗吃了吗？当然不是的！这只不过是一个正常的天文现象而已，这个天文现象叫作月食。月食其实是影子的游戏，它是地球的影子掩蔽了月亮，使得原本应该能看到月亮的地方却看不到月亮。

钻到地球的影子里

月亮之所以被蚀食，是因为月亮钻到了地球的影子里。

天文学家告诉我们，太阳、地球、月亮三个天体会相互运转，其中地球绕着太阳转，而月亮又绕着地球转。当地球运转到太阳与月亮之间的时候，太阳光会在地球背着太阳的地方（也就是处于夜晚的地方）投下一片阴影，这片阴影叫作地球的本影。如果此时，月亮恰好处在地球的本影之中，那么背着太阳的地方的人们就会看不到月亮或只能看到月亮的一部分，这时就发生了月食。月食主要包括月全食和月偏食两种，月全食是月球完全进入地球本影时的情景，此时地球上的人们完全看不到月亮；而月偏食则是月球只有部分进入地球的本影，另外一部分探出本影外，此时地球上的人们能看到一

日食概念图

部分月亮，而其他部分则看不到。

　　其实，除了月全食和月偏食，月食还包括一种
特殊的情形——半影月食。太阳光除了在地球后面留
下一片完全黑暗的本影之外，还会在本影的上下两侧
留下两片半明半暗的区域，这两片区域叫作半影。半
影月食正是月亮掠过半影时的情景，它造成了月面亮
度的减弱，让人看起来月亮好像也被蚀食了一样。不
过，一般来说，这种月面亮度的减弱是很微小的，所
以人眼不易直接观测到，只有用专业的观测设备才能
清楚地观察到。

日环食

日全食

　　月食是地球影子遮蔽月亮的结果，它只与太阳、
地球、月亮三者间的运转位置有关，在有云彩的夜晚，
云彩遮住了月亮，那并不是月食。

月全食时会"脸红"

　　如果你细心观察，你会发现，月全食时月亮其实并不是完全黑暗的，在
黑暗的背景下，它透出一股淡淡的红光，就像天真的少女因娇羞而感到脸红
一样。

　　那么，月亮为什么会"脸红"呢？原来，这是太阳红色光的功劳。我们

知道，月亮本身是不发光的，我们之所以能看到它，是因为它反射了太阳光。而太阳光是由红、橙、黄、绿、青、蓝、紫七色光组成的，各种色光的波长不同。当太阳光经过地球的大气层被折射到地球背后影子里去的时候，各色光会受到大气层中微小粒子的散射和吸收。像黄、绿、青、蓝、紫等波长较短的色光，在大气中受到的散射影响比较大，它们大部分都向四面八方散射掉了；而红色光的波长较长，它受到散射的影响不大，可以通过大气层穿透出去，折射到躲在地球影子后面的月亮上。因此，在月全食时，人们看到的月亮就是暗红色的，即所谓的"红月亮"。

🖌️ 月有阴晴圆缺

    太阳、地球、月亮三者间的运转就像一只神奇的手，它不仅制造了月食，而且还"捏造"出了月亮的各种形状——有时候，月亮看起来像一个圆盘，有时候像一把镰刀，有时候又像一张弓弦，其实，这就是月亮运转到不同位置的结果。

    具体来说，每月的农历初一，月亮运转到太阳和地球之间。这时，月亮对着人们的那一面太阳光照不到，而受到太阳光照射的那一面人们见不到，因此，此时人们看不到月亮，这叫作"朔月"。两三天后，月亮改变了位置，太阳光逐渐照亮它向着地球的这半球的边缘部分，这时人们能看到月亮的一部分。这一部分就是月亮被照亮的那一小部分，由于它的形状像一把镰刀或是一弯眉毛，所以人们称它为"镰月"或"娥眉月"。这以后，月亮向着地球的这半球照到的太阳光一天比一天多起来，于是弯弯的月亮也跟着一天一天"丰满"起来。到了农历初七、初八前后，月亮面对人们的这半球，有一半可以照到太阳光，于是人们就看到了半个月亮。这半个月亮像一张弓弦，所以人们又称之为"弦月"。形成弦月后，月亮继续"丰满"。到了农历十五六，地球处于月亮和太阳的中间，这时月亮对着地球的那一面完全被太阳光照亮，于是人们看到了一个滚圆的月亮，这叫作"满月"或者"望月"。满月之后，月亮又一天天"瘦"下去，经另一个"弦月""镰月"和"朔月"后，再一次开始一个新的轮回，如此周而复始。

两个月亮"手牵手"

地球的阴影使得月亮"整个不见"或者只剩下"半个身子"，而地球的大气却能使"两个月亮手牵着手"。

月亮只有一个，怎么会有两个呢，而且"手牵着手"？其实，这指的是"重月"现象。在晴朗的夜晚，天空中有时会出现"两弯"明亮的镰月，这"两弯"镰月共露出4只角，同侧角之间的夹角约30°左右；如果气象条件足够好，或者借助专业的望远镜，我们会发觉"两弯"镰月紧紧地挨在一起，就像两个月亮"手牵着手一样"——这就是重月。

重月是一种正常的天文现象，它与彩虹一样，都是由大气的折射造成的：太阳光从地球侧面的大气中穿行时，先从空间进入大气层，然后，又由大气层进入空间，这样就产生了两次折射。与双虹形成的情况类似，如果此时大气云层中有足够的冰晶，冰晶的颗粒大小、密集程度等条件适宜，那么折射的光线就会在原来月亮的旁边"复制"出另一个月亮，从而使人们看起来像有两个月亮一样。

神奇的日食

> 2009年7月22日，无数的天文爱好者聚集到中国长江沿岸的一些城市，他们手拿天文望远镜，从早上8点钟起就开始注视着天空。他们在观测什么呢？答案是日食。

日食是一种神奇的天文现象，每次发生时它都能吸引无数的天文爱好者。和月食一样，日食也是由太阳、地球、月亮三者间的运转造成的，不过与月食是因地球遮挡了月亮不同的是，日食的出现是因月亮遮挡了地球。

月亮挡了光的道

太阳、地球、月亮就像一架精密机械内的三个转轮，它们每时每刻都在运转。当月亮运转到地球和太阳中间的时候，如果此时太阳、月亮、地球三者正好排成或接近一条直线，那么月亮会挡住射向地球的一部分太阳光，从而在月亮的身后形成一个阴影。这个阴影正好投落到地球上，假如此时地球上有人位于这个影区内，那么他就能看到日食现象。

由于月亮在地球上的投影在不同的区域是不同的，大致可分为本影、半影和伪本影三种，所以日食也可相应地分为日全食、日偏食和日环食三种：当人位于本影区时，此时月亮完全把太阳光遮挡，人完全看不到太阳，这样的日食叫作日全食；当人位于半影区时，人能看到一边的太阳，另外一边却因光线被阻挡而看不见，这时就发生了日偏食；而当人位于伪本影区时，人

地球

太阳

月球

日食形成原理

只能看到从太阳四周边缘发出的光线，中间的部位因月亮的阻挡而无法看见，这时我们就说发生了日环食。

日食发生时，人们会看到阳光逐渐减弱，太阳面或是全部或是部分地被阴影遮住，天色一下转暗。若是全部遮住时，天空中可以看到最亮的恒星和行星。几分钟后，太阳渐渐从黑影中挪出来，之后就是重新发光和复圆。

"太阳珍珠"和"太阳耳环"

发生日全食时，当黑影（实际是月亮）一点一点将太阳吞食，在即将完全吞没的瞬间，太阳的边缘会突然现出一串发光的亮点，这些亮点就像耀眼的珍珠，高高地悬挂在漆黑的天空中——这就是著名的"珍珠食"现象。由于"珍珠食"是由英国天文学家贝利最早发现并描述的，所以又称为"贝利珠"。

"贝利珠"的形成与月亮的表面有关。由于月亮的表面是凹凸不平的，所以当发生日食时，尽管月亮遮掩了太阳光球，但日光仍可透过月亮表面的凹处发射出来，经过在地球大气中的折射后，最终在我们的眼中形成类似珍珠的明亮光点。"贝利珠"的出现时间很短，通常只有 2 秒钟，之后太阳光便被完全覆盖，从而形成日全食。

除了"珍珠"外，太阳在日全食时还会生成一些"耳环"。这些"耳环"其实是太阳表面跳动的鲜红火舌，它的正式名称叫"日珥"，因为形状似人的耳环，所以得名。日珥的形成原理目前科学家还没有完全弄清楚，通常认为它是一种剧烈的太阳活动，这种太阳活动在日全食时，人能很明显地观察到。

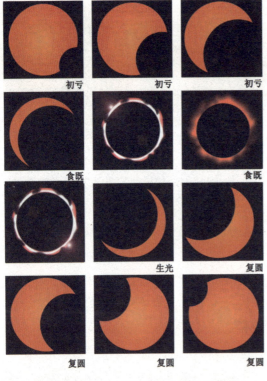

初亏　　初亏　　初亏

食既　　　　　食既

生光　　复圆

复圆　　复圆　　复圆

不能直视太阳

发生日食时，虽然月亮将大部分太阳光挡住，太阳显得并不是很刺眼，但是太阳光的能量还是很强大。据测算，即便是1%的太阳面积所发出的光也比电焊发出的光的亮度要强大，所以，观察日食时一定不能用眼睛长时间直接对视。因为长时间直视太阳，会因其紫外线和红外线接收过多而导致视网膜黄斑烧伤，从而导致"日光性视网膜炎"，这是几乎无法治疗的外伤，严重者会直接失明。

观察日食时，可用一些具有滤光效果的观测镜，如专业的太阳观察镜或电焊工所使用的护目镜等。绝对不能用望远镜直接对着太阳看，因为日光经望远镜聚焦后，很容易就烧伤了眼睛，可在望远镜的物镜前加上合适的减光板。

日食"制止"了五年战争

日食对现代人来说无疑是平常的，可是你知道吗？在科学并不发达的古代，它被认为一种神的力量，这种"神的力量"很强大，有时候甚至能"制止"一场残酷的战争呢！

公元前585年5月28日下午，在中亚细亚某地，天空万里无云，太阳格外耀眼。此时，有两支已经连续争战了五年的军队正在进行激烈的厮杀。战况很惨烈，双方死伤了很多人。忽然，天空中出现了日全食，只见原本还很明亮的天空，在很短时间内就暗淡了下来。黑夜仿佛突然降临，战士们变得非常惊恐。双方的首领以为是他们的战争激怒了"天神"，于是放下武器，商议立即停战，并不断祈祷。不一会儿，太阳重新露出了光芒，战士们认为是他们的悬崖勒马感动了天神，于是表示从此要摒弃战争、拥抱和平。就这样，一场已经连续打了五年的战争神奇地结束了。

黑 黑的影子

灯光下，高琦正向妹妹高琳展示着他刚学来的手影把戏。只见他用手指一会儿在桌面上变出小狗的模样，一会儿又变出小鸟的模样，看得妹妹连连发出惊叹。

引文中高崎所做出的手影其实是光的影子，它是光沿直线传播过程中，被不透明的物体挡住后，在物体背后形成的黑暗区域。作为光直线传播的产物，影子是无所不在的，只要有光照的地方，只要物体不透明，就会有影子。

光线留下的黑斑

影子是光线留下的黑斑。当你行走在昏暗的路上时，假如前方有一盏电灯照着，电灯发出的光芒照向你的身体，你头顶以上的光线照在你身后较远的地方，在那形成一片较亮的区域；而你头顶下的光线则由于你身体的阻挡而不能穿过，所以就在身后较近的地方形成一块黑斑。这黑斑就是影子。

如果你足够细心，你会发现：当你逐渐靠近电灯时，你身后的影子还会经过一个由短到长的变化。这也是因为光的直线传播，造成了光在你身后形成的光亮区域逐渐变大，而黑斑则逐渐变小。

有时，你还会发现影子是飘飘忽忽的。这是因为空气中的风吹动了悬吊的电灯，致使电灯发出的光也是"飘飘忽忽"的。当"飘飘忽忽"的灯光照到你身上时，在你身后形成的黑斑自然也是飘飘忽忽的。当然，也有可能电

AISHANG KEXUE YIDING YAO
ZHIDAO DE KEPU JINGDIAN
神秘的光
SHENMI DE GUANG
爱上科学
一定要知道的科普经典

图1

图2

日影可以用来计时

灯是固定不动的，是你的衣服被大风吹动，从而在你身后形成摆动的影子。

你不能将影子踩在脚下

还记得孩童时期玩过的踩影子游戏吗？在阳光下，小伙伴们相互追逐着，努力把对方影子中的"脑袋"或"屁股"踩在脚下。

游戏是愉快有趣的，可实际上，影子是不能够被踩在脚下的。这是因为影子并不是一个简单的平面，它也是有立体空间的。也就是说，光线在物体后形成的黑暗区域不仅出现在地面上，地面上方的一定空间里也存在黑暗区域，只不过这个黑暗区域我们分辨不出。当人的脚踩在地面处的黑暗区域时，地面上空的黑暗区域立刻就将人的脚面覆盖住。所以，想将影子踩在脚底下是不可能的。

轮廓什么样，影形什么样

影子并不是物体的实像，不过它的外形轮廓与物体是相似的，也就是物体的轮廓什么样，影子的形状就什么样。正是因为这个原因，人们创造出了皮影戏、手影等有趣的影子游戏。

还记得高琦给妹妹做的手影游戏吗？他是如何做到的呢？

其实很简单，高琦先将手指交错成小狗或小鸟的形状，然后将手指放在电灯下。因为电灯光是沿着直线传播的，所以当它照射在高琦手指上的时候，会在他手指的下方留下一个影子。又由于影子的外形轮廓与物体是相似的，

古代计时仪器日晷

所以，我们看到高琦手指的影子就是各种各样的动物模样了。

如果高琦在摆出各种动物造型的同时，不时地运动手指，那么，桌上的影子也会随之做出动态的变化，比如说"小鸟啄食""小狗吐舌"等，非常有趣！

🕊 影子也会明暗变化

有一个比手影更生动有趣的光学游戏，它不仅能展现物体的影子外形，而且能使影子发生明暗变化。下面就来看看这个有趣的游戏吧：

拿一张浸过油的纸，将它粘在一块硬纸板中间的方孔上，由此制成了一个简易的"银幕"；在"银幕"后面的左右两边各放一盏可调节亮度的灯，然后把其中的左灯点起；接着，在点起的灯跟"银幕"之间加进一个椭圆形的硬纸片，这时，坐在"银幕"前面的观众会看到一个鸡蛋的影像。

接下来，好戏就要上台了：将右灯点亮，同时将一张大小比椭圆形纸片稍小的鸡雏形纸片放到右灯前；这时，观众立刻看到在刚才的"鸡蛋"里出现一只小鸡；而且让人惊奇的是，这只小鸡的影像是逐渐由模糊到清晰的，就像鸡蛋在慢慢孵化一样。

这是怎么回事？为什么我们能看到"鸡蛋孵化"的好戏呢？其实，说穿了很简单：当两灯照射到椭圆形和鸡雏形纸片上时，会在油幕纸上留下影子；其中"鸡蛋"和"小鸡"重合的部分较暗，叫作本影；重合之外的部分较亮，叫作半影。因为本影和半影存在亮度差，故而观众能较明显地看到小鸡的影像。当改变本影和半影的亮度时，小鸡的影像也会跟随亮度的变化而变化。所以，当操作者通过调节灯的亮度来改变本影和半影的亮度时，我们就能看到"鸡蛋"里慢慢"孵"出"小鸡"了。

AISHANG KEXUE YIDING YAO
ZHIDAO DE KEPU JINGDIAN
SHENMI DE GUANG
神秘的光
爱上科学
一定要知道的科普经典

光线也绕弯

你仔细观察过影子吗？如果有，你会发现：影子的边缘通常不是清晰锐利的，而是模糊羽化的。如果影子是在一个只有一个小光源的封闭空间内，那么这一现象将更加明显。

按照光的直进原理，光线在物体后面形成的影子，其边缘应该是清晰锐利的，为什么会出现模糊羽化的情景呢？原来，这是因为衍射。衍射是光的波动性的又一例证，它表现为光在传播途径中，会自行绕过狭缝、小孔之类的障碍物，以波动的形式进行传播。

一个波生成另一个波

光是一种非常奇特的物质，它具有两面性——既具有粒子性，又具有波动性。光的粒子性能够很好地解释直进、反射、折射之类的光学现象，对干涉、衍射却无能为力，而波动性则正好相反。

对于影子边缘表现出来的光的衍射现象，早在300多年前，意大利科学家格里马弟就注意到了。他观察到物体的影子常常带有一个彩色的边缘，还发现物体影子的实际大小和假定光按直线传播应该有的大小不相同。这些现象都使他对光的直线传播发生了怀疑。后来，其他的科学家通过实验明确地证实了光的衍射现象的存在。光的衍射实验很简单：将扎有一个细孔的障碍物放在一个光源和观察屏之间，这时，观察屏上就会出现一个由光斑和暗斑

交接的区域，这些区域的边界并不锐利，是一种明暗相间的复杂图样。

那么，为什么光在障碍物面前会衍射呢？对此，不少科学家做出了解释，其中荷兰科学家惠更斯的解释最为人们所接受。惠更斯认为：光是一种波，而波的传播过程其实是子波不断衍生出新的子波的过程。惠更斯进一步解释说，从波源发出的波经过同一传播时间后，到达的各点能组成一个面，这个面就叫作波面。波面上的各点可以看作新的波源，叫作子波源。从这些子波源发出的子波又能形成一个新的波面，如此循环往复。在上述实验中，当光波到达细孔时，细孔处各点形成新的子波源，这些子波源向前传播，于是便在观察屏上形成了衍射图像。

惠更斯原理能定性地解释衍射现象，却不能对衍射现象作出定量的分析。19 世纪初，法国物理学家菲涅耳在惠更斯原理的基础上进行了一些补充，得到了新的惠更斯—菲涅耳理论。

衍射是有条件的

研究表明，光在很多场合都会发生衍射。可是为什么平时我们很难见到明显的衍射现象呢？

原来，这是跟光的波长和缝（或障碍物）的大小有关的。实验结果表明，只有当缝的大小（或障碍物的大小）跟光的波长相差不多的时候，衍射现象才会明显。如果缝很宽，其宽度远大于波长，那么光波通过缝后基本上是沿直线传播的，衍射现象很不明显。

来做一个有趣的小游戏吧：将房间里的所有电灯关闭，点燃一支蜡烛；在距蜡烛 1 米远的地方，用一根羽毛紧贴着眼睛观察蜡烛。这时候你会发现，在你眼前出现的是排列成 X 形的多个火苗，而且火苗闪烁着光谱的颜色。这就是衍射现象。因为均匀排列的羽毛间有缝隙，尽管这个缝隙人眼很难看出来，但它是真实存在的。羽毛的缝隙宽度恰好跟光的波长差不多，所以光在这里发生了明显的衍射。衍射的结果就是出现闪烁着光谱颜色的火苗。由于羽毛有多条缝隙，所以在人的眼前就出现多个火苗。

手帕与光栅

再来做一个有趣的游戏：找出一块手帕，用双手将其拉紧；透过拉紧的手帕观察2米外的电灯泡，这时你会发现一道模糊的黄橙色星状放射光带出现在灯泡的四周。

有趣吧？其实这也是因为光的衍射，这个衍射游戏利用到了光栅的原理。光栅也称为衍射光栅，它是一种能使光线发生色散（分解为光谱）的光学元件。光栅通常是一块平面玻璃或金属片，它的表面刻有大量平行、等宽、等距的狭缝（刻线）。光栅的狭缝数量很大，一般每毫米几十至几千条。当单色的平行光通过光栅每个狭缝时，会在每个狭缝中发生衍射，同时在各个狭缝间发生干涉，衍射和干涉的结果是形成一种包括很宽暗条纹和很细明条纹的图样，图样的位置随波长而异。当复色光通过光栅后，经过衍射和干涉，不同波长的色光在不同位置形成图样，所有的图样组合在一起就形成了彩色的光谱。

在这个游戏中，手帕起到了衍射光栅的作用（手帕上有无数平行、等宽、等距的狭缝），它会分解入射光线的颜色，布料纹路的空隙也可以分离光线，但是由于空隙对于光的波长来说，还是太大，因此无法把光谱全部分离出来，只能形成星状的放射图案。

衍射光栅在科学研究中有着广泛应用，如在天文学中，它经常被用来制成光谱仪器。

生活中的衍射美景

衍射现象虽然大多数时候并不明显，但只要你细心观察，其实在生活中还是能欣赏到不少衍射美景的。

比如在山区看过日出或日落的人，差不多都有这样的体验：当太阳刚刚没入山脊的时候，如果站在山头的阴影中观看山顶上的树木，会发现树木的边缘常常镶着一道亮边，这道亮边放射着耀眼的光芒；而出现在天边的一些

小乌云或其他的小东西也变成一个个耀眼的亮点。这就是由于太阳光在经过树木或其他障碍物的边缘的时候发生了衍射，以至一部分光线出现弯曲，改变了前进的方向，进入山头的阴影区。这些光线都是来自物体的边缘，所以树木等物体好像镶上一个明亮的银边。

如果你观察过 CD 或 DVD 光盘的表面，你会看到盘面上经常闪出一道道跟彩虹一样的亮斑。其实，这也是由于衍射。因为 CD 或 DVD 光盘的表面上均匀、紧密排列着一系列的光轨，这些光轨就相当于衍射光栅，它们能将漂亮的衍射图样展现出来。

神奇的单面镜

审讯室里，警察正在审讯嫌犯。而在与审讯室只有一面玻璃之隔的另一间办公室，证人则在指认嫌犯。奇怪的是，证人能清清楚楚地看到嫌犯，而嫌犯却丝毫没觉察到证人的存在！

如引文所讲，明明只是隔着一面玻璃，为什么证人能看到嫌犯，而嫌犯却看不到证人呢？原来，这可不是一面普通的玻璃，它是具有单向透视效果的单面镜。单面镜是人们利用光线取得的又一个成就，它主要利用的是光的反射和折射。

我看得到你，你看不到我

一面薄薄的单面镜能创造出两个完全不一样的视觉世界，在这个视觉世界的一头，我看得到你，你却看不到我；而在另一头则正好相反。那么，为什么单面镜会有这样神奇的特性呢？

有两个原因。一个是单面镜的玻璃面上镀上了一层化学物质（通常是银膜或铝膜），就像普通镜子一样。只不过与普通镜子不同的是，单面镜上的这层化学物质镀得非常稀薄，而且镀得更加巧妙，巧妙到能让一半光线通过，另一半则反射回去，而不像普通镜子那样完全不让光线通过——这是一边能看见而另一边却看不见的基础。

另一个原因是单面镜两边处于不同亮度的光线环境中，这个原因更加重要——事实上，单面镜两边之所以会出现不同的视觉效果，其实很大程度上就是因为这个原因。

在实际使用单面镜时，犯人会面向镜面，而且身处有强光的房间。因为光线充足，反射的光较多，所以犯人会在镜中看见自己的影像。此时证人站在镜的另一边，一个光线很微弱的房间里。虽然该房间的光线也可以穿过单面镜，但由于光度很低，所以犯人便看不到证人，只能看到自己的影像。这就好比在路灯的强光下，我们根本看不见萤火虫。因为来自路灯的强光已经完全把萤火虫的微弱光芒遮盖住了。

假如，原本不能往外透视的房间里的灯突然熄灭，或者原本能透视的房间的灯突然打开，那么单面镜就成了一个窗户，每一个房间里的人都能看到另一个房间里的人。

识别单面镜有诀窍

单面镜原本是个很有益的发明，人们通常将它用在警局侦讯、医院观察等正当途径中。然而，任何事物都有两面性，很多时候，坏人也利用单面镜的单向透性来做坏事，如在旅店、卫生间、更衣室等场所安装单面镜，以此窥视别人的隐私等。

单面镜在形状上与普通的镜子是差不多的，仅通过肉眼观察很难分辨出

AISHANG KEXUE YIDING YAO
ZHIDAO DE KEPU JINGDIAN
SHENMI DE GUANG
神秘的光
一定要知道的科普经典
爱上科学

来。那么，我们有没有办法将普通镜子与单面镜区分出来呢？有一个简单的测试方法：将手的指甲尖放在玻璃的表面，如果在指甲尖与指甲尖虚像之间有间隙，那么这玻璃就是普通的镜子；如果指甲尖能直接就碰触到了指甲尖的虚像，中间没有间隙，那么要当心了，眼前的玻璃很可能就是单面镜！理由很简单，镜子成像是靠镀银层反射光线，而镀银层在玻璃的后表面；后表面与前表面间存在一段距离，所以会有间隙。而单面镜前表面就有很薄的镀银层，所以将指甲尖放到前表面时，指甲尖与所成的虚像间不会有间隙。

单向透视的隔热膜

除了单面镜，还有一种隔热膜，它也具有单向透视的效果。这种隔热膜一般贴在建筑物的外窗户，用来隔热和单向透视。白天阳光照射的时候，从窗户外看隔热膜，人们只能看到自己的像，就像照镜子一样；而从窗户内往外看，却能清楚地看到外边的情景。隔热膜的单向透视原理跟单面镜是一样的。

单面镜的应用

镜子是一种表面光滑，并具有反射光线能力的物品。最常见的镜子是平面镜，常被人们用来整理仪容。在科学方面，镜子也常被使用在望远镜、激光、工业器械等仪器上。

近视真麻烦

胡英是个近视眼，这几年，近视的度数随着她年龄的增长噌噌地往上涨。现在她是一刻也离不了眼镜了：看书的时候要戴眼镜，走路的时候要戴眼镜，就连刷牙洗脸的时候也要戴眼镜，真是麻烦！

近视是一种常见的眼科疾病，它的主要症状是看不清较远的物体，但对较近的物体能看得较清楚。近视者需要佩戴近视眼镜加以矫正，近视眼镜有不同的度数，近视越严重，度数越高。

屈光系统出问题了

近视是因为眼睛出问题了，那么是眼睛的哪方面出问题了呢？

答案是屈光系统。屈光系统也叫折光系统，它包括眼睛的四个重要结构组织：角膜、房水、晶状体和玻璃体。其中晶状体尤为重要，它是将外界光线折射到视网膜，从而引起人眼视觉反应的最重要工具。晶状体就像一个凸透镜，对光线具有汇聚作用。

在正常的情况下，晶状体凭借边缘肌肉的吸缩和弛张功能，能随着所观看物体的远近自动变得凸起一些或扁平一些，从而使外界光线恰好折射到视网膜上，既不偏前，也不偏后。这样，人就看到了清晰的物体。但是，由于某些先天的原因，或者用

眼不正确，晶状体边缘肌肉的调节功能（吸缩和弛张）会遭到破坏。如经常性长时间近距离用眼，晶状体边缘肌肉就会出现痉挛，长久以往就造成了晶状体凸起。而晶状体的凸起程度是跟其折光能力紧密相关的，晶状体越凸起，折光能力就越强。所以，当晶状体变得凸起以后，原本恰好能折射到视网膜的光线也因为晶状体折光能力的变强而提前在视网膜前汇聚了，从而造成了物体没能在视网膜上形成清晰的视像。这就是近视。

🚀 近视眼镜是凹透镜

近视了，意味着要戴近视眼镜了。那么，选什么类型的透镜作为近视眼镜的镜片呢？

我们知道，近视眼是看不清远方的物体的，之所以如此，是因为从远方物体发出的光线在透过晶状体之时汇聚到了视网膜之前，如果有办法将汇聚点后移到视网膜上，那么眼睛就能看清物体了。而要想光线汇聚点后移，就必须先将进入人眼的光线进行一次发散。在最常见的凹透镜和凸透镜当中，

只有凹透镜对光线具有发散作用，所以，近视眼镜的镜片要由凹透镜制作。

在制作近视眼镜之时，不是什么样的凹透镜都可以随便使用，必须根据每个人的近视程度选择不同折光能力的镜片，而这需要专业的验光技术。

严重近视者眼中的世界

近视可分为一般近视和严重近视两种，一般近视者在不戴近视眼镜的时候，与视力正常者差别不大。然而，严重近视者就不同了。探讨严重近视者眼中的世界，是一个很有意思的话题。

首先，如果不戴近视眼镜的话，严重近视者是永远不可能看到线条分明的轮廓的，一切东西对他们来说都只有模糊的外形。一个视力正常的人，向一株大树望去，能够清楚地分辨出天空背景下的树叶和细枝，而近视者却只能看到一片没有明显形状的模糊绿色，细微的地方根本看不到。

对于严重近视者而言，别人在他们眼中更年轻更漂亮，因为他们看不见别人脸上的皱纹和小斑疤，粗糙的红色皮肤在他们看来也像柔和的苹果色。如果你跟一个严重近视者（他没戴眼镜）交谈，你更容易获得他在形象上对你的好感，因为在他的模糊视觉下，你的脸蛋总是整洁而光滑的，所有若隐若现的"坑坑洼洼"和"扭扭歪歪"他们都"视而不见"。

在夜里，严重近视者眼中的世界更加有趣。所有光亮的物体在他们看来就是一些不规则的亮斑：街灯是一个个大光点；从远处驶来的汽车只是两个明亮的移动光点（汽车头灯），其余部分黑漆漆一片；成千上万颗星星在他们看来只有几百颗，而这几百颗却像一些很大的光球；月亮在他们看来是非常大、非常近的，甚至半月的形状在他们看来也很奇怪——半圆不像半圆，整圆不像整圆，就是模糊的一片！

看 远模糊，看近更模糊

冯明最近一段时间总感觉自己的眼睛怪怪的，不但看远处的物体不清晰，看近处的物体也不清晰。无奈之下，他去了医院检查，结果医生告诉他：你有远视！

远视是一种视力障碍，它与近视相同，同样是由眼睛的屈光不正造成的。与近视不同的是，远视的屈光不正是在视网膜的后边形成视像，而不是在视网膜前边。

远视看得并不远

有人认为，近视就是只能看清近处，远视就是只能看清远处，甚至比正视眼看得还远。其实，这是想当然。

正常的眼睛在调节松弛的状态下，光线经过屈光系统正常屈折以后，焦点恰好落在视网膜上，从而形成清晰的视像。但是，光线的屈折不总处在正常状态，当屈光系统发生异常的时候，光线的屈折就偏离正常的轨道了——或者提前成像在视网膜之前，或者延后成像在视网膜之后。远视正是光线成像在视网膜之后的情景，而之所以成像在视网膜之后，是因为屈光系统的屈光能力（折射能力）变弱，使得光线延迟了交会，这一点与近视是正好相反的。造成屈光能力变弱的原因有眼球过短、角膜或晶状体曲率半径过大（即角膜或晶状体过平）等。

正是因为折射光线不能在视网膜上汇聚，与大脑神经相连的视网膜不能将光线的信息准确地传递给大脑，所以物体在远视者看来是模糊的。为了看清远距离的物体，远视眼需要调动调节功能以增强屈光能力，而要看清近距离的物体，需要调动的调节则更多。所以，通常远视者觉得看远物的时候模糊，看近物的时候更模糊。

远视必须佩戴以凸透镜作为镜片的眼镜来矫正，因为凸透镜能先将光线汇聚，使平行光线变成聚合性光线，这些聚合光线再经过眼睛的屈光系统之后，便投射到了视网膜上。

每个人一出生就是远视眼

别吃惊，这是真的！

因为上面我们已经提到了，造成远视的一个重要原因是眼球过短。眼球过短，准确地说其实是眼轴过短。如果我们将眼睛看成一台光学仪器的话，从眼睛接收光线的最表层——角膜，到感受光线的最里层——视网膜，它其实蕴含了这样一条轴线：角膜—晶状体—玻璃体—视网膜。这条轴线就是眼轴。

初生婴儿由于生理上的原因，他们的眼球都较小，也就是眼轴较短。我们知道，我们能看到物体，是靠眼睛的屈光系统（主要是晶状体）折射光线来实现的，而屈光系统的折光能力与其凸起程度有关，越凸起，折光能力越强，反之亦然。眼轴较短就意味着屈光系统较扁平，也就是不凸起，这样，其折光能力较弱，折射后的光线也就只能在视网膜后形成视像，也就是远视。

一出生就是远视，那么长大之后不都成为远视眼了吗？别担心，不会的。随着年龄的慢慢增长，婴儿的眼球会发育，眼轴也会慢慢变长。通常，初生儿的眼轴平均值为 17.3 毫米，当成年后，大多数的人会增长为正常的 24 毫米左右。

远视老花大不同

有一些中老年人，他们在读书看报时，往往要将书报搁得远远的才能看

SHENMI DE GUANG
AISHANG KEXUE YIDING YAO
ZHIDAO DE KEPU JINGDIAN
神秘的光
爱上科学
一定要知道的科普经典

得清楚。他们是得远视了吗？不是的，他们可能是出现老花眼了。

老花眼和远视是完全不同的。远视是一种屈光不正，主要表现为看远不清，看近更不清，视物疲劳。而老花是一种自然的生理老化现象。随着年龄的增长，人眼内的晶状体逐渐硬化，弹性减弱，调节肌的调节功能逐渐衰退，从而使得物体不能在视网膜上形成清晰的视像。大约从 40 岁开始，无论有无近视或远视，人一般会出现老花眼。老花眼最主要的特征就是近距离视物困难，这与看近看远都困难的远视是不同的。

尽管形成机理和表现特征不同，但老花眼和远视眼的矫正和改善措施还是相同的，那就是都得戴以凸透镜作为镜片的眼镜，因为只有凸透镜才能使光线恰好地汇聚到视网膜上。

警惕！远视会留后患

儿童远视虽然大多在成年后自愈，但是如果不注意保护，很多时候也会留下后患，最明显的例子就是引发斜视和弱视。

正常的眼睛注视目标时，除需要动用眼球屈光系统的调节以增强眼的屈光力之外，为保证双眼对准目标，双眼还需要内转。远视者的调节力度远远大于正视者，这直接导致了调节肌——内直肌的过度收缩，如果长期如此，就会打乱眼睛正常的内转，使其偏向一边，进而形成斜视。

斜视出现以后，患者通常习惯用注视眼（远视度数较低的一只眼）观察事物，而将不使用的斜视眼搁在一边，时间一久，就又导致了那只斜视眼变成弱视眼。弱视是眼底问题，就算戴上眼镜，看物体也会不太清楚。为了挽回视力，必须强制将视力较好的注视眼遮住，而让弱视的眼睛承担全部看东西的责任，久而久之，弱视眼的视力就会得到改善。因此，我们经常能看到一些小朋友戴着一种一边镜片上有遮罩物的眼镜，他们可不是在扮酷哦，而是在矫正自己的弱视！

SHENMI DE GUANG
AISHANG KEXUE YIDING YAO
ZHIDAO DE KEPU JINGDIAN
神秘的光
爱上科学
一定要知道的科普经典

丑陋的哈哈镜

有一种奇怪的镜子，当你站在它面前时，你的脸可能被"挤"得扁圆扁圆，你的上身可能被"拉"得细长细长，而你的双腿则可能被"压"得又粗又短，活像个丑八怪！是什么镜子这么神奇呢？答案是哈哈镜。

我们通常所见的镜子，镜面是很平的，照在镜子里的像不会失真，大小比例也不会变化。可是哈哈镜就不同了，它让我们变成各种奇形怪状的模样，非常有趣。正是因为哈哈镜能把人照成各种奇形怪状的模样，使人看来哈哈大笑，所以才得名。

 认识凸面镜和凹面镜

哈哈镜其实是一种具有球形反射面的不透镜，它的反射面非常不平，既可能是下凹的，又可能是上凸的，也可能是同一面哈哈镜既有下凹的地方又有上凸的地方。当光线照射到哈哈镜反射面的时候，反射光线进入人的眼睛，从而在眼睛里形成视像。

那么，为什么哈哈镜形成的视像不像平面镜那样真实规则呢？在回答这个问题之前，我们先要了解两种面镜：凸面镜和凹面镜。

凸面镜就是用球面的凸起外侧作为反射面的球面镜，它跟凸透镜完全不同，虽然都是凸的，但是凸透镜能穿透光线，而凸面镜却只能在表面反射光

爱上科学

SHENMI DE GUANG
神秘的光
AISHANG KEXUE YIDING YAO
ZHIDAO DE KEPU JINGDIAN
一定要知道的科普经典

线。凸面镜反射平行光线的时候，光线是发散的，如果顺着发散光线的反向延长线往后看，就会在凸面镜镜面后面看到一个虚像，这个虚像总是正立缩小的，且物体离凸面镜越远，像也越小。

凹面镜与凸面镜正好相反，它是以球面的下凹内侧作为反射面的球面镜。凹面镜具有聚光作用，当物体位于凹面镜的焦距内时，它能形成正立放大的虚像，离镜越近，像也越大；当物体位于凹面镜的焦距与两倍焦距之间时，它能形成放大倒立的实像；当物体位于凹面镜两倍焦距外时，它能形成倒立缩小的实像，离镜越远，像越小。

🔺因为凹凸，所以丑陋

回到哈哈镜。因为哈哈镜镜面部分是凸凹不同的，因而所成的像有的被放大，有的则被缩小。比如当一个人对着一个上部是凹面镜的哈哈镜时，他的头就会被放大，而且因为鼻子在脸部突出，离镜面更近，所以鼻子的像放大的倍数比脸上其他任何部位都大，结果就照出大鼻子。而如果当他对着一个上部是凸柱面镜的哈哈镜看时，因为镜子在竖直方向上并没有弯曲，所以在竖直方向上像与物长度相同，但在水平方向上由于是凸面镜，像总是缩小的，所以，脸在镜中的像就变成细长的了。

同样道理，如果用凹柱面镜照一个人的脸，他将看到一个短胖的脸。如果把镜面做成上凸下凹的，照出来的人就头小身体大的；如果镜面做成是上凹下凸的，照出来的人就是头大身体小的；而如果将镜面做成各部分都凹凸不平的，那么，这时照出的像就是歪七扭八的"丑八怪"了。

有趣的放大镜

自从爸爸周末给秋鸣买回了放大镜，秋鸣的大半心思就放在了这个小小的玩意上。他一会儿用它去放大书本上的字，一会儿又用它去照看家里的摆设用具，玩得开心极了！

放大镜是一种透明的玻璃块，它边缘薄，中间厚，透明度极高。当用放大镜对着物体看时，物体会被放大。无论是什么物体，在放大镜面前都能够自动变大！

放大镜是一种凸透镜

小小的放大镜为什么能将物体放大呢？

原来，它是一种凸透镜。众所周知，凸透镜是一种对光线具有汇聚作用的光学仪器，当平行光线通过凸透镜时，会在凸透镜的后边汇聚成一点，这一点叫作凸透镜的焦点；焦点与凸透镜中心（光心）的距离叫作焦距。凸透镜成像具有这样一些规律：

当物体位于凸透镜焦距以内时，形成一个正立放大的虚像；当物体位于凸透镜

焦距与2倍焦距之间时，形成一个倒立放大的实像；当物体位于凸透镜2倍焦距以外之时，形成一个倒立缩小的实像。

放大镜之所以能放大所观察的物体，就是因为所观察的物体位于放大镜的焦距内，从而形成了正立放大的虚像。这个放大的虚像不是由实际光线汇聚而成的，人眼只能沿着折射光线的反向延长线看到它，而这个反向延长线在物体的同一侧，以放大镜为界，与眼睛分居两边，所以人眼能在放大镜下看到它。

物体位于焦距以外，用放大镜是显示不了放大效果的，原因很简单：虽然在这些位置也能形成放大的像，但这些像都是实像，且在物体异侧，与眼睛同侧，眼睛不能直接观察到它，只能用光屏承接到它。所以，要想放大物体，必须将物体置于焦距内。

将火柴点着了

假如你将一个放大镜一面对着太阳，另一面对着一根火柴，你会发现，过不了多长时间，火柴头"哧"地一下就点燃了。

怎么回事？放大镜不仅能放大物体，还能点燃火柴？

是的，放大镜是一面神奇的透镜，它能把透过去的太阳光集中成一个小光斑（焦点），小光斑的温度极高，当它使物体到达燃烧点后，物体就能够

图1   图2

放大镜有聚焦的作用，能将太阳能集中在一个点上，持续作用，这个点的温度会越来越高，越来越热。当热量足以在气球上烧出一个小洞时，气球就会"砰"的一声爆炸！

自动燃烧。因为火柴头的原料是磷，磷的燃烧点很低，大概只有40℃左右。当放大镜将光线聚集到火柴头的时候，火柴头的温度很快就达到了燃烧点，所以自然就燃烧了。从微观的角度来说，是光子使得火柴头的分子运动加剧，最终温度升高，火柴点燃。

　　事实上，不仅火柴头能被放大镜点燃，任何燃烧点低的物体（如纸）都能够被放大镜点燃。所以，千万别拿放大镜四处乱照，否则有可能引起火灾哦！

无法放大角

　　放大镜看起来是无所不能的，任何物体只要置于它的焦距内，就能够被放大。不过且慢！有一样东西它就放大不了，这个东西就是角。你若不信，可以拿一面放大镜去照看任何一个度数的角，无论你怎么摆弄，你都会发现角的度数始终是不变的——30°的角不会被放大成60°，60°的角也不会被放大成90°。

　　这是怎么回事呢？原来，放大镜虽然放大了物体，但却并没有改变物体的形状。放大镜不能把方形的物体放大成为圆形的，不能把正的字放大为倒的。在放大镜下面，构成角的两条射线的位置都没有变化，本来是水平的，经放大过后仍然是水平的；本来是垂直的，经放大后仍然是垂直的；本来是斜着的，经放大后仍然是斜着的。因此，两条射线张开的角度始终没有变大，变大的只是这个角的几何形状。

　　放大镜仅是把图形的每个部分成比例地放大，若放大镜为10倍的，那么这个放大比例便是10倍，所有物体形状在这个放大镜下都呈10倍增大。

爱上科学
SHENMI DE GUANG
神秘的光
AISHANG KEXUE YIDING YAO
ZHIDAO DE KEPU JINGDIAN
一定要知道的科普经典

小口径看出大世界

"它只有一个小小的口径，可是透过这个小小口径看到的世界大得让人吃惊。"你知道这说的是什么吗？没错，或许你已经猜到了，它就是显微镜！

显微镜其实是一种放大镜，不过比起普通的放大镜来，显微镜放大的本领要高得太多。普通的放大镜只能放大文字、图片等宏观的事物，而显微镜不仅能放大宏观物体，而且物质的原子世界也能够放大得清清楚楚。

游戏打开新世界的大门

显微镜的发明具有一定的偶然性。你知道吗？它最初竟诞生于一次孩童的游戏当中！

1590年前后的一天，在荷兰的密得尔堡城里，一个叫詹森的眼镜店老板之子悄悄地将父亲的几块镜片拿出来，独自上楼顶闲玩。詹森玩得非常开心，他一会儿将凸玻璃片架到自己的眼上，一会儿又将凹玻璃片举到头顶，对着远处的天空眺望。突然，也不知是受什么启发，淘气而又聪明的詹森将两块凸玻璃片隔着一定的间隔叠起来，用它去眺望远处的教堂。这时，令他吃惊的事情发生了：只见那原本还细细的教堂尖塔一下变得大起来，大到上面的细微公鸡雕塑都清晰可见！

这个意外的发现令詹森兴奋不已，他赶紧跑到楼下叫来爸爸。这个叫汉斯的眼镜店老板可是个研究玻璃镜片的专家，他一下就被儿子所描述的情形吸引住了。从此，他和儿子就投入对显微镜的研究之中，几经努力，最后终于发明出了人类历史上的第一台显微镜。

当然，汉斯父子发明的显微镜还是很低端的，只由一片凹透镜和一片凸透镜构成，它与现代意义上的显微镜相比，无论在放大倍数上，还是在分辨率上，都有很大差距。但是，不管怎样，汉斯父子已经为人类打开了微小世界的大门。后来，另一位荷兰学者列文虎克在他们研究的基础上，发明了真正现代意义上的显微镜。

小视野，大世界

常见的光学显微镜外表看起来并不起眼：就是一根小口径圆筒外加一些固定设备而已。可是，就是这么一个不起眼的工具，在它的小口径下却能够观察到大大超出我们视野范围的世界。它是如何做到的呢？

原来，显微镜之所以能"显微"，利用的其实是凸透镜的放大原理。我们回过头来看显微镜的构造，它的构件虽然看起来很少，组合也并不复杂，但是每一个构件都是经过科学挑选的，组合也是经过严谨设计的。在这些构件中，最重要就是那

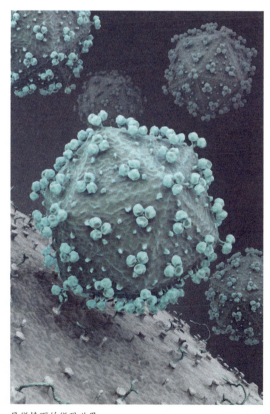

显微镜下的微观世界

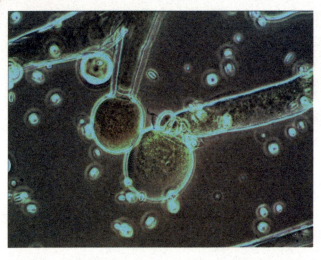

个小口径圆筒，它的上下两端各有两类凸透镜，其中靠近眼睛的那类透镜叫作目镜，靠近被观察物体的那类透镜叫作物镜。

当用显微镜观察物体时，物体放在物镜下的一个载物装置上（载物片）。此时，物体应当正好处于物镜的一倍焦距和两倍焦距之间。根据凸透镜成像规律，此时物体在物镜上方、目镜一倍焦距内成一个放大倒立的实像。以这个放大倒立的实像为光源，它在穿透目镜后会发生第二次折射成像，这次形成的像位于物镜的下方，它是放大正立的虚像。就是在这两次放大中，我们看到了远远大于原物体的物像。

滴油看得更清楚

有时候，人们在用光学显微镜观察物体的时候，会在物体上滴一些油，你知道这是为什么吗？

原来，显微镜不是只有一个物镜，它一般有四个物镜，这四个物镜按放大倍数由低到高排列在显微镜的转换器上，需要使用哪种物镜就转换到哪种物镜。当使用最大放大倍数的物镜（也叫油镜）的时候，由于油镜的孔径很小，进入的光线本来就少；再加上当光线通过物体与油镜之间的空气时，因介质密度的不同，会发生折射或全反射，从而使得射入透镜的光线更加减少。为了减少射入物镜光线的损失，增加了照明的亮度，人们在油镜和物体之间滴入一些香柏油。因为香柏油的折射率与玻璃的折射率相近，当光线在它们中穿行时，损失会大大减少，从而使物像更加清晰。

SHENMI DE GUANG
神秘的光
爱上科学
AISHANG KEXUE YIDING YAO
ZHIDAO DE KEPU JINGDIAN
一定要知道的科普经典

望远镜：神奇的"千里眼"

> 人们常说：站得高，看得远。可是站得再高，因视力所限，人眼所能看到的距离也是极近的。有没有办法能让人的眼睛看得更远一些呢？有的，使用望远镜！

望远镜被誉为"千里眼"，它能让人的视力范围直达千里之外。按照摄取光线方式的不同，望远镜一般可分为折射式望远镜和反射式望远镜两种，其中折射式望远镜直接让光线进入镜筒，而反射式望远镜则让光线反射进镜筒。日常生活中常见的望远镜是折射式望远镜。

将远处风景"移"到眼前

望远镜就像一个神奇的大力士，它能将远处的景物搬移到我们的眼前。那么，它是如何做到这一点的呢？

原来，人们常见的折射式望远镜，它里面包含了一组透镜，其中一部分靠近眼睛端，叫作目镜，另一部分远离眼睛端，叫作物镜。一般来说，物镜是一块直径大、焦距长的凸透镜，或是由一块凸透镜和一块凹透镜组成的透镜组，而目镜是一块直径小、焦距短的透镜（可以是凸透镜也可以是凹透镜）。当用望远镜观察远处时，物镜把来自远处景物的光线，在它的后面汇聚成倒立缩小的实像，相当于把远处景物一下子移近到成像的地方。而这个景物的倒立缩小实像又恰好落在目镜的前焦点处，根据透镜的成像规律，它最终成

一个放大的虚像。这样，人们对着目镜看时，便好像拿着放大镜看东西一样，最终看到了一个放大了的虚像。因此，很远很远的景物，在望远镜里看来也就仿佛近在眼前一样了。

实质是放大视角

在透镜的帮助下，望远镜将远处的风景"移"到了眼前。其实，稍微有点常识的人都明白，远处的景物是根本不可能移动的，它之所以看起来仿佛就在眼前一样，完全是眼睛"欺骗"了我们。

我们都有这样的经验：当一个物体离我们很近时，我们感觉它是很大的；而当它离我们很远时，我们感觉它是比较小的。这就是眼睛对我们的"欺骗"，它蕴含的其实是一个视角对视觉感受影响的问题。

视角就是从眼睛的光心向物体两端所引的两条直线夹角，也叫张角。科学家告诉我们，人能否看到远处的景物，主要取决于景物在眼睛视网膜成像所形成的张角，张角越大，越觉得景物离我们近，或感觉景物越大；张角越小，越觉得景物离我们远，或感觉景物越小。望远镜的物镜将远处我们本来觉得很小的景物成像汇聚在目镜前方，形成一个较大的视角，所以我们感觉景物被拉近了。

图1

图2

图3

AISHANG KEXUE YIDING YAO
ZHIDAO DE KEPU JINGDIAN
SHENMI DE GUANG
神秘的光
一定要知道的科普经典
爱上科学

做得大，望得远

同样作为放大的工具，我们知道，显微镜物镜的直径一般都是很小的，而望远镜物镜的直径却相对较大，尤其是那种大型天文望远镜，它们物镜的直径往往要比显微镜大好几百倍。为什么天文望远镜物镜的直径要做得那么大呢？

最主要的原因是天文望远镜是用来观测太空星体的，星体距离地球非常遥远，从它们身上发出的光线到达地球时已非常微弱，此时如果望远镜物镜直径不够大的话，将不能会集足够的光。而显微镜却不同，它是在载物台上近距离观察物体的，从载物台上反射的光线十分强烈，并没有因过长距离传播而损失，所以用一个直径很小的凸透镜物镜就可以会集足够的光线。

望远镜望到了"风"

有时，当你在寒冷的冬季打开窗户，用望远镜远望时，你会看到一副"哆哆嗦嗦"的风景。这可不是因为你眼花，也不是因为你被寒风吹得哆哆嗦嗦而出现幻觉，而是你确实看到了"哆哆嗦嗦"——风的扰动。

光线在介质中的折射率与介质的密度紧密相关，而密度又与温度相关。寒冷的冬季，北方屋宇的室内一般都装有暖气，室内外温差极大。当你打开窗户的时候，室内外的冷热空气会发生交换，其中室内的暖空气冒出去，而室外的冷空气则流进来。就是在这样的交换中，冷热空气交换处的空气密度发生迅速的变化，密度一变化，光线在其中的折射率也跟着变化，从而也就使得光线一会儿折向这边，一会儿又折向那边。反映在人的视觉上，就是看到景物时而清晰、时而模糊，就像空气被风吹得哆哆嗦嗦一样。

通常，这种风的扰动（实际上是光线的扰动）用肉眼是很难看到的，或者即使能看到，也是不清晰的。但是望远镜就不同了，尤其是那种高倍望远镜，它能较清晰地看到空气的扰动。

有用的三棱镜

有一种透明的玻璃，它的形状是三角形的，共有三个侧面和一个底面。当光从其中一个侧面入射时，出射光线必定向底面偏折。这种三角形玻璃就是三棱镜。

三棱镜在我们日常生活中并不常见，它更多的是应用于实验室中。不过，虽然在日常生活中并不常见，但这并不代表它不重要。在许多对日常光现象的揭示中，三棱镜还是扮演着重要的角色，它仍然是光学器具大家庭中的重要成员。

将阳光分解了

三棱镜最著名的应用恐怕要算分解太阳光了。还记得太阳的七色光吗？1666 年，英国物理学家牛顿第一次用三棱镜分解的方法，将白色的太阳复色光分解出红、橙、黄、绿、青、蓝、紫七种单色光来，从而证实了太阳的白光是由七色光混合而成的。

那么，从三棱镜自身角度来说，为什么太阳复色光能被它分解出来呢？

原来，三棱镜是一种不同于空气的均匀介质，它对从空气中射入的不同波长的光具有不同的折射能力，其中对波长最短的光折射能力最强，对波长最长的光折射能力最弱。我们知道，太阳光是由七色光组成的，各种色光具

AISHANG KEXUE YIDING YAO
ZHIDAO DE KEPU JINGDIAN
SHENMI DE GUANG
神秘的光
爱上科学
一定要知道的科普经典

有不同的波长，其中红光波长最长，以下依次为橙光、黄光、绿光、青光、蓝光、紫光。所以，当这些具有不同波长的色光从空气中射入三棱镜时，虽然入射角相同，但由于三棱镜对它们的折射能力不同，因而折射角却不同。最终在经过两次折射之后，这些色光分散开来，呈现在光屏上的就是显示出红、橙、黄、绿、青、蓝、紫的七色彩带。

组成凹透镜和凸透镜

相较于凹透镜、凸透镜，三棱镜的"名气"相对要小一点。可是你知道吗，其实凹透镜和凸透镜都是由三棱镜组成的。

不相信吗？来看看凹透镜和凸透镜的形状结构吧：由下图中我们可以看出，凹透镜和凸透镜虽然外表看起来是光滑、没有棱角的，但其实它们都可以分成上下两个部分。其中，凸透镜的上下两部分是两个底面相接、顶角各向一边的三棱镜，而凹透镜的上下两部分则是两个顶角相对、底面各向一边的三棱镜。由于三棱镜有一个最重要的性质：当光线从一个侧面入射时，出射光线必定向底面偏折。所以，当光线平行地射向凸透镜的上下两部分时，出射光线都向中间底面偏折，这就是凸透镜汇聚光线的原因。同样的道理，凹透镜对平行光线具有发散的作用。

三棱镜与斜视

凹透镜可用来配制近视眼镜，凸透镜可用来矫正远视，而三棱镜在保护人类"心灵窗口"方面也并非毫无作为，它可以有效地矫正眼睛的斜视。

斜视是两眼视轴不正的情形。正常人的两眼视物应是正而平行的，当注视一个物体时，此物体的视像分别落在两眼视网膜的视黄斑中心凹处，再经过大脑的融像能力，最终将两眼所见视像合而为一。斜视的病人因为眼位不正，其注视一个物体时，此物体视像则落在中心凹处以外的地方。如此，人的视物就会出现复视情形（不能将两个视像合而为一），进而使之失去立体感。

三棱镜的作用就是消除复视，使外界的物体成像于斜视眼的黄斑。我们

爱上科学
SHENME DE GUANG
神秘的光
一定要知道的科普经典
AISHANG KEXUE YIDING YAO
ZHIDAO DE KEPU JINGDIAN

知道，光线在通过三棱镜两个互不平行的侧面之后，将向其底面方向屈折。被三棱镜折射后的光线投射到眼球，眼球认为光线是从正前方射来的；也就是说，人眼通过三棱镜观察物体时，会感到物体向三棱镜的尖端移位。如果我们根据物像移位的规律和斜视度的大小，在斜视眼前放置三棱镜，并不断改变三棱镜的度数，那么就有可能使外界物体成像于斜视眼的黄斑。外界物体成像于斜视眼的黄斑了，那么人的双眼就有了共同的视觉方向了，这样一来，复视也就可以消除了。

🖊 有趣的水三棱镜

三棱镜虽然在日常生活中并不像凹透镜、凸透镜那样常见，但是我们还是可以利用自己的双手将它"制造"出来。来做下面这个有趣的小实验吧：

准备一个长方体的塑料盒（如文具盒、肥皂盒等），一面小圆镜和一面小方镜，然后往塑料盒里倒满水，再把小圆镜浸入水底，最后把小方镜以对着太阳光的方向斜插在盒子里的水中。这样一来，一个简单的"水三棱镜"就制成了——水面和两个镜面构成三棱镜的三个面，其中小方镜充当光线入射的一面。

在水面的前上方处放置一张白屏（没有的话可以用白色的书本代替），然后在阳光下调整小方镜的斜度，使阳光通过小方镜反射到水里的小圆镜上，再经小圆镜的反射，光线透过水面折射到背光的白屏（书本）上。通过对小方镜斜度的反复、仔细调整，我们最终能在白屏上看到一道美丽的小彩虹，就和三棱镜将白色太阳光分解成七彩光时的情景一模一样——这，就是水三棱镜映现"彩虹"的实验。

红灯停，绿灯行

"过马路，要小心，红灯停，黄灯等，绿灯行"还记得这首耳熟能详的儿歌吗？它说的是一个最基本的交通规则，这个规则要求人们要时刻以交通信号灯为指引。

在繁忙的公路上，汽车就像水流一样，日夜不停地穿梭。这么多的汽车，要是没有一个有力的向导，还真不知会出现什么样的混乱局面！还好，有交通信号灯，它就是那个有力的"向导"，在它的指挥下，所有奔忙的汽车都变得秩序井然。

为什么是红、黄、绿三色

如果你经常关注外界信息，你就会了解这样一个事实：全世界几乎所有的国家都是以红、黄、绿三种颜色的灯作为交通信号灯。很奇怪！难道是人类对红黄绿三种颜色有特殊偏好吗？

不是的，世界各国之所以将红、黄、绿三色灯作为交通信号灯，其实是有科学道理的。我们知道，当光通过大气时，空气中的分子会对光进行散射。英国物理学家瑞利研究了光的散射规律，发现空气分子对不同频率的光散射程度不同，频率越高的光散射越强烈，越低则不强烈。由于红光的频率在可见光中是最低的，因此散射最弱，最易于通过大气传播到很远的地方，这样即使是下雾的天气，在很远的地方也能看到红灯发出的信号。所以一切警示

AISHANG KEXUE YIDING YAO
ZHIDAO DE KEPU JINGDIAN
SHENMI DE GUANG
神秘的光
一定要知道的科普经典
爱上科学

不同形式的交通信号灯

的信号，当然也包括禁止汽车通行的信号，都采用红色，目的就是为了及早引起人的警惕。

那么，为什么用绿灯作为汽车通过的信号呢？这是因为人眼对不同色光的敏感度是不同的，而经科学家研究，在所有色光中，人眼对绿光最为敏感，所以用绿灯指示通过标志十分合适。

至于用黄色灯，那是因为黄色是一种暖颜色，很柔和，能给人们一种减缓、放慢的缓冲效果。因此，黄灯用来示意人们冷静、放缓、请等候。

红色代表禁止，黄色代表警告，绿色代表通行，红黄绿这三种颜色不论是在白天，还是夜晚，相对其他颜色来说都比较容易识别和区分。

爱上科学
SHENMI DE GUANG
神秘的光
AISHANG KEXUE YIDING YAO
ZHIDAO DE KEPU JINGDIAN
一定要知道的科普经典

闪闪的黄灯

　　有时候，到了深更半夜，在一些较为偏僻或者一到深夜车流就不多的交通路段，人们只能看到一闪一闪的黄色交通灯，红灯和绿灯都没有发光。这是怎么回事呢？

　　原来，到了深夜，车流量减少了，交通灯不必像白天那样频繁地工作，为了节省资源，同时也为了减少驾驶员不必要的等待时间，红灯和绿灯这时候就关闭了，只留下一盏黄灯工作。这是其中的一个原因。

　　另外还有一个跟光学有关的原因：科学研究发现，人眼感光细胞对橙黄色的光也较为敏感，且相较于红光和绿光，当橙黄色的光不断闪烁时，它对大脑的刺激较为舒缓，更易为大脑所接受，不像闪烁的红光和绿光那样，会给人一个不舒服的感觉。这也就是为什么要让黄灯而不是红灯绿灯闪烁的原因。

　　闪烁的黄光在给人以警示的同时，又不至于刺激得人眼不舒服，所以，到了深夜，黄灯仍然工作着，而红灯和绿灯则关闭。不过，尽管红灯和绿灯关闭，附近的电子警察摄像头还是开启的，所以，驾驶员也是不能为所欲为的哟！

科学小常识

危险的信号

　　红色信号灯不仅可以作为停车信号，还可以作为各种危险、警示信号。比如，在城市的某些高大建筑物的顶上常要装设红灯，这一盏盏的红灯可以保障夜航飞机的飞行安全，防止撞机事故的发生。另外，在施工工地、爆破现场及其他有安全隐患的场所，人们也常用红色来警示可能出现的危险。

汽车中的光秘密

爸爸终于买回了一辆汽车，这让隋涛兴奋不已。在科学迷隋涛看来，这个会跑的家伙处处隐藏着秘密：燃料的秘密、制动的秘密、变速的秘密，当然，还有光的秘密。

汽车作为重要的交通工具，已经成为了人类生活中不可或缺的一部分。细心观察一下，从车窗到车灯，从车内到车外，里面涉及的光学知识还真不少呢！

车灯条纹有讲究

你注意过汽车的前灯吗？它的灯前玻璃有着细细的横竖条纹，这跟手电筒灯泡前面的平滑玻璃是不一样的。你知道它为什么要设计成这样吗？

原来，手电筒之所以采用平滑玻璃，是因为它需要照出集中而笔直的光束。这种照明方式对夜间行走的人是很有用的，然而对一辆急速行驶的汽车来说隐藏着莫大的危险！因为，集中而界限分明的光束，虽然能照清前方的景物，却几乎照不到路边的一切，这给驾驶车辆的司机观察道路情况带来了极大的困难。再者，光线照到的地方和照不到的地方一明一暗，对比强烈，也会使驾驶员目眩，产生视觉疲劳。因此，车辆前灯不能采取如手电筒一样的照明方式。

车辆前灯最初是采用同毛玻璃相仿的磨砂灯泡，通过增加散光程度来削

爱上科学
SHENMI DE GUANG
神秘的光
一定要知道的科普经典
AISHANG KEXUE YIDING YAO
ZHIDAO DE KEPU JINGDIAN

弱灯光的炫目作用，使驾驶员能很好地辨清周围环境，如向左或向右的支路、林荫路、路缘等。后来，又有人用散光程度相仿的磨砂灯前玻璃来替代磨砂灯泡。但是，磨砂灯泡和磨砂玻璃会浪费掉许多光束，因为它们的散光作用不仅发生在车子的侧面和前方，也发生在上方。最后人们选定了有横竖条纹的散光玻璃，它能克服磨砂灯泡和磨砂玻璃的缺点。

这种散光玻璃具有将光线折射而分散到所需方向的作用，实质上是透镜和棱镜的组合体。所以，现代的汽车装有这种灯前玻璃，汽车前灯就能均匀柔和地照亮它前进的道路和路边的景物。另外，这种散光玻璃还能使其中一部分光折射得略偏向上和两侧，以便照明道路标志和里程碑等。

黄色是雾灯色的最佳选择

对汽车来说，在大雾天中行车是在所难免的，所以雾灯也是必需的。那么，应该选用哪种颜色的雾灯呢？经过认真研究，科学家们最终选择了黄色。

原因是，雾灯的光必须具有散射的作用，让光束尽可能向前方散布成面积较大的光簇，使迎面来车的驾驶员既能看清目标，又不觉得刺眼。而黄色光的散射强度是红色光散射强度的 5 倍。显而易见，采用黄色光作为汽车雾灯的光色比用红色光效率高得多。

但是，光谱中，绿色光、蓝色光和紫色光不是比黄色光的散射作用更强吗？为什么偏要挑上黄色光做雾灯的光呢？原来，绿色光早就被作为"安全"和"可以通过"等的标志光。至于蓝色光和紫色光，虽然它们的波长都很短，散射作用较强，但它们有一个先天不足的弱点，那就是光色较暗，而且它们的颜色与傍晚、黎明或阴天时的天空颜色十分接近，而大雾恰恰最容易在这样的时候弥漫大地。在这种大环境背景衬托下，再使用蓝色或紫色光，显然不符合信号标志的要求。所以，雾灯必须选用黄色。

倾斜的才是安全的

除大型客车外，绝大多数汽车的前窗都是倾斜的。有人认为，做成这样

是为了减小汽车行驶过程的阻力。其实不是的，正确答案要从光学中来找。

挡风玻璃是透明的，但不是绝对没有反射，坐在驾驶员后面的乘客会由于反射成像在驾驶员的前方。小轿车较矮，若挡风玻璃是竖直的，那么所成的像与车前方行人的高度差不多，这就会干扰驾驶员的视觉判断，容易出事故。而当挡风玻璃为倾斜时，所成的像就会在车前的上方，驾驶员看不到车内人的像，就不会影响视觉判断，从而保证行车安全。

至于大型客车，由于其一般很高，驾驶员的位置（视线）比路面行人也要高。所以即使这时车内乘客经挡风玻璃反射成的像在车的前方，但其位置也要比路上行人高得多，且比较暗淡，因而即便是做成竖直的，也不会混淆驾驶员的视线。

安装茶玻璃只为保护隐私

很多汽车上都安装有茶色的玻璃，这么做可不是为了美观，而是为了保护车内人的隐私。

众所周知，要想看清一件物体，必须有足够多的从这件物体上发出的光线进入人的眼睛。茶色玻璃有这样一个特点：它的表面能反射一部分光线，同时还会吸收一部分光线。当它安装在汽车上的时候，从外面照射进汽车内的光线，一部分在茶色玻璃上损失，一部分透过，从而造成了车内的光线要远远弱于车外。正是由于车内光线弱，所以从车内人身上发出的光线也弱；而这本身就弱的光线再经一次茶色玻璃的反射和吸收之后，射到车外之人的眼睛上，就变得更加微乎其微。因而，车外之人看不到车内的情景。

没有影子的无影灯

影子无所不在，可是，有些时候人们却并不需要影子。比如说，在医院里，医生给病人做手术，手术室里的灯光就不能在病人身上留下影子，否则会影响医生的视野。于是，科学家发明了无影灯。

无影灯是一种先进的光源，它的外形通常是一个很大的灯盘，上面装有许多射向各个方面的灯泡，能把手术台所有的暗影都照亮。这样，当医生在为病人做手术时，视线就不会受影子的影响，从而保证手术顺利进行。

本影消失，半影变淡

那么，无影灯具体是如何做到"无影"的呢？

在回答这个问题之前，我们还是先来做一个实验吧：将一个圆柱形的茶叶筒放在桌上，旁边点燃一支蜡烛，这时，茶叶筒后面会形成一个清晰的影子。如果在茶叶筒旁点燃两支蜡烛，那么这时就会形成两个相叠而不重合的影子。两影相叠部分完全没有光线射到，是全黑的，这叫作本影；本影旁边只有一支蜡烛可照到的地方，那是半明半暗的，这叫作半影。我们在茶叶筒旁边逐渐增加点燃的蜡烛数，这时，我们会发现本影部分逐渐缩小，而半影部分则出现很多层次。当我们在茶叶筒周围点上一圈蜡烛的时候，这时本影完全消失了，半影也淡得看不见了。

无影灯正是利用这样的原理制造出来的。它将发光强度很大的灯在灯盘

上排列成圆形，合成一个大面积的光源。这样，当电灯启动时，灯盘上各个灯发出的亮光能使本影消失，半影也淡得看不见，从而保证了手术台上各个角度的区域都是明亮的。

无影灯并非无影

其实，"无影灯"的叫法并不准确，因为无影灯并非完全"无影"，它只是掩盖了本影，但半影还是存在的，只不过不明显而已。

对于同一个物体来说，其本影区的大小，与光源发光面的大小和光源到物体的距离有关：当光源到物体的距离一定时，光源发光面越大，则物体的本影越小；光源发光面越小，则物体的本影越大。而当光源发光面大小一定时，光源到物体的距离越小，则物体的本影区越大；光源到物体的距离越大，物体的本影区反而越小。

因为医院外科手术室中的无影灯到手术台的距离是一定的，所以本影的浓淡程度取决于光源的面积。医用无影灯大多是由多个大面积光源组合而成的，因而它的本影很淡，可以认为无本影，但半影多少还是存在的。

无影灯不发热吗

将一只手伸到电灯泡下面，手很快就会感到热。同样的道理，无影灯也是由一个又一个电灯泡组成的，当这些电灯泡长时间工作时，难道不会发热吗？如果发热的话，它不会影响到手术病人的各种组织器官吗？

这样的疑虑是不无道理的。早期的无影灯就是因为不能有效散热而受到一定程度的制约，那时，医生在无影灯下做手术时，无影灯散发出的热量在影响医生的同时，往往还影响病人，如将病人手术的切口烫热，甚至损伤其身体里面的组织器官等。不过，随着技术的进步，这一问题如今已经逐渐得到解决。科学家开发出全新的冷光源，以代替传统的白炽灯或卤素灯，如全新的 LED（发光二极管）无影灯，它能通过新型滤过器将灯光中 99.5% 的红外成分过滤掉，从而保证到达手术区的光是冷光。

咔！相片拍下来了

"好，好，看这里。茄——子！"只听"咔"的一声，又一幅动人的画面被摄影师定格在了照相机里。因为有照相机，我们的动人身姿总是能得以记录。

相信每个人都对照相时的情形很熟悉吧？摆一个姿势，喊一句"茄子"，美丽动人的身姿就被永远保存记录下来了，多神奇！多有趣！那么，你知道照相机是如何将相照出来的吗？

厚实的胶片相机

按照光存储材料的不同，照相机一般可分为传统胶片相机和数码相机两种。人们最初是利用传统胶片相机来照相的。

传统胶片相机前面有一个凸透镜，它是照相机的镜头。众所周知，凸透镜具有汇聚光线的作用，当物体位于凸透镜两倍焦距之外时，凸透镜成一个倒立缩小的实像。传统胶片相机正是利用这一原理来照相的。

具体来说：传统胶片相机后面有一个小暗室，小暗室上放有一种能对光线进行化学感应的胶片，它叫底片。底片在暗室中，由于密封无光，所以不感光。但在底片前面、镜头后面，有一个能控制光线进出的设置，它叫快门。当拍照者按下快门的一瞬间，快门打开，光线经过凸透镜后进入暗室，在底片上成一个倒立缩小的实像。由于底片上涂有对光线非常敏感的化学物质（通常是卤化银），所以组成这个实像的光线立刻就在底片处发生化学反应，反应的结果就是形成潜影。潜影记录下了实像的各种光信息，却并不可见。最

后，人们在经过显影、定影、放大等一系列冲洗工序之后，这个潜影才能得以正立、清晰地显现——这就是我们最终所见到的照片。

由于传统胶片相机采用胶卷来记录储存图像，需要一个胶卷盒，所以它看起来更厚重，而它洗出来的照片也有有别于数码相片的厚实感。

高效的数码相机

数码相机的基本原理跟传统胶片相机是差不多的，只不过数码相机没有胶片，它的底片是一种叫作电荷耦合器件（CCD）的电子元件。当按下快门时，数码相机的镜头将光线汇聚到CCD上。CCD能将光信号转变为电信号，以电子图像的形式将光信息记录下来。电子图像不能马上读取，它必须先经过微型计算机处理系统（安装在数码相机内）处理，先将原来的模拟信号转换成数字信号，然后再将数字信号压缩转化成特定的图像格式，最后再存储在内置的存储器中。至此，数码相机的主要工作已经完成，剩下要做的就是利用液晶显示器（LCD）来查看所拍到的照片了。

与传统胶片相机相比，数码相机具有节省成本（不使用胶片）、即时成像、更高效、画面更清晰等优点，且它能够像传统胶片相机一样将照片洗印出来，所以现在，数码相机已经逐渐取代了传统胶片相机。

"傻瓜相机"傻在哪儿

有一种相机，它的设置非常简单，简单到连傻瓜都能使用，所以就叫作"傻瓜相机"。那么，傻瓜相机"傻"在哪儿呢？

其实，傻瓜相机是一种自动化程度很高的相机，它既可以是传统胶片式的，也可以是数码式的。我们在用普通相机拍照时，当物距发生变化时，通常像距也需要相应地做出调整（即调焦，调整暗室长度），这样才能让拍出的照片更清晰。但是傻瓜相机不需要调焦，它的所有有关焦距的设置都是自动适配的，也就是说不论物距如何变化，只要镜头对准要拍的人或景物，傻瓜相机就能够拍出清晰的照片。

AISHANG KEXUE YIDING YAO
ZHIDAO DE KEPU JINGDIAN

SHENMI DE GUANG
神秘的光
一定要知道的科普经典

爱上科学

　　那么，为什么傻瓜相机能做到这一点呢？原来，傻瓜相机的焦距非常短。我们知道，照相机成的是倒立、缩小的实像，这个像的位置应该在一倍焦距到两倍焦距之间。从凸透镜成像的规律可知，当物体位于凸透镜较远位置时，由于物距变化（两倍焦距之外）而引起的像距变化（一倍焦距到两倍焦距之间）是很小的；反过来说，即使一倍焦距到两倍焦距之间的范围很小，那么，像所对应的物体的范围也是可以非常大的。也就是说，无论物体在两倍焦距外的多大范围内移动，它都能在狭小的一倍焦距到两倍焦距之间形成清晰的像。傻瓜相机的焦距很短，这意味着它一倍焦距到两倍焦距之间的距离也很短，正因为此，所以无论物距多远，它都能够形成清晰的像。

一分钟就成像

　　你在旅游景区中见过这样的情形吗：一些摄影师给游客们拍照，拍完后没几分钟，相片就取出来了，而且是直接从相机上取出来的。

　　很神奇吧？其实，这说的是一种特殊的相机，它叫"一分钟快照"相机。"一分钟快照"相机利用"一分钟成像"技术，在完成正常照相的同时，迅速将相片洗印出来，完全省略了普通照相所需的加工洗印过程，随拍随看，非常方便。

　　"一分钟快照"相机的奥妙在于它的胶片。这是一种特制的胶片，这种胶片的边缘部附带着一种酸性促进剂的药夹。在拍照时，拍照者只要揿下照相机按钮，底片即可感光。之后，底片会按动照相机内的电动机械传动部分，将胶片上的药夹带进两个挤压滚轴之间，致使药夹被滚轴挤破，药夹里面的化学药剂流出。流出的药剂均匀地铺在曝光的底片夹缝中，使得底片上的染料显影剂形成影像，进而转移至接收照片中。接收照片随传动部分卷出照相机外，最终成为我们所见的相片。刚刚取出的相片通常还带有淡淡的蓝绿色，但片刻之后，就变成一张鲜艳夺目的彩色照片了。

　　目前，"一分钟快照"相机除用来拍摄生活照片外，还被广泛应用在科研、医学、地质勘探等各个方面。

凹透镜

光线扩散

平行光线

焦点

凸透镜

光线聚集

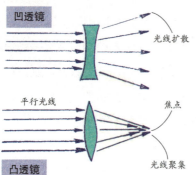

光圈：根据亮度情况，可以将这个孔径调得更大或更小，以让更多的光或更少的光进入。

自动对焦：不可见的红外光束遇到相机前的物体反弹回来，这样就能探测出其返回需要花费的时间。这就显示出了物体到聚焦镜头的距离有多远。

快门按钮

FinePix

镜头：镜头系统有几个弯曲的玻璃片或塑料片，根据拍摄对象的距离，可以向前或向后移动，以聚焦图像。

快门：快门是镜头前阻挡光线进来的装置。按一下快门键，就能在瞬间打开一个像门一样的盖子，让光线传到 CCD 图像传感器上。

电池

存储卡

取景器：一个小液晶显示器，显示镜头拍到的景象，即存储的图像。

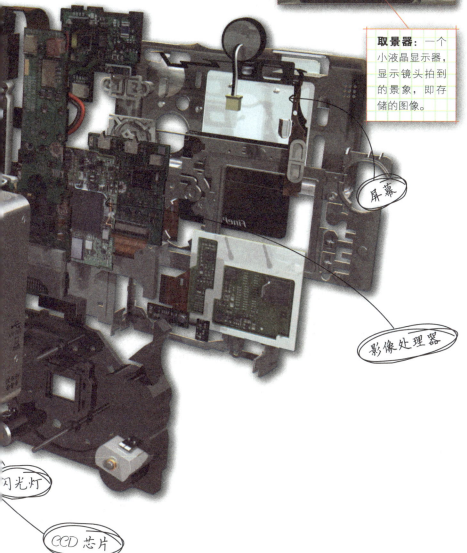

屏幕

影像处理器

闪光灯

CCD 芯片

光 与彩色电视机

客厅里，爷爷在看电视，而小军则拿着放大镜在旁边把玩。当他用放大镜对着电视看时，他吃惊地发现：电视中原本五颜六色的画面变成只剩下红蓝绿三种颜色的无数小点了！这是怎么回事呢？

彩色电视机如今已经走进千家万户了，对这种日常生活中最常见的家用电器，或许人们只会将它跟电联系在一起，而很少想到它跟光的联系。其实，电视机里面包含的光学知识可真不少呢！

五彩画面背后是三色点

先来看看第一个问题：为什么用放大镜看到的电视画面是红蓝绿三颜色的点呢？

其实，这是电与光相互作用的结果。首先，电视台的摄像机将景物摄入后，利用折光镜将被摄景物的色彩分解为红、蓝、绿三种色光，同时由三个摄像管分别形成三幅红、蓝、绿的图像；然后，摄像机将三种颜色的图像转换成为相应的电信号，由电视台通过电磁波将这些电信号发射出去。

彩色电视机的显像管里装有三支电子枪。电视机接收到电视台发射的三种电信号分别加在这三支电子枪上，三支电子枪就发出三束电子流，每束电子流的强弱分别受三个电信号的控制。

彩色电视机的荧光屏上一点一点地交替排列着三种荧光粉。这是一种光敏材料，当电子流打在上面的时候，荧光粉上将分别发出红、蓝、绿三种色光。由于相邻的发光点挨得很紧，距离只有针尖那么大，所以用肉眼是看不出来的，只有用放大镜才能看得出来。

放大镜看到的是一点一点的红蓝绿色点；而不用放大镜时，由于三种荧光粉上的所有色点都同时发出强弱不同的红光、蓝光和绿光，人眼无法一一分辨，看到的只是它们的混合色。所以，最终画面上呈现给我们的是由各个色点混合而成的各种颜色。

屏幕是闪烁的

假如有人跟你说，在电视机面前，人的手指会变得多了起来。这你相信吗？

其实，这说的是一个简单而有趣的实验：晚上打开电视机，然后将屋子里的所有灯都关掉，只剩下电视机发光。接下来，张开你的五个手指，然后使它们快速地在电视机的屏幕前晃动。这时，你就会发现你手上的手指变多了，可能是 6 个，也可能是 7 个、8 个，手掌晃得越快，手指的数目越多。

这是怎么回事？为什么人的手指看起来会多了呢？

原来，电视机的屏幕是闪烁的，它在 1 秒钟内要闪烁 50 次，也就是亮灭 50 次。平时我们看电视时之所以感觉不到闪烁，是因为人的眼睛有视觉暂留功能，眼睛看到的东西可以在视网膜上保留 0.1 秒左右，在电视屏幕灯光灭了的一瞬间，眼睛的视网膜上还保留着前面亮时的痕迹，灯亮后被看的东西还在同一个地方，所以我们不会感到灯光的闪烁。而当我们在电视屏幕前快速晃动手指时，这相当于将电视屏幕灯光瞬间发生的亮和灭辨别了出来：当灯亮时，你的手被照亮，而灯暗时，你的手不会被照亮；如果你的手是一直不动的，那么这种明暗变化是不会体现出来的，理由是没有时间间隔；而如果你的手是挥动的，那么这个明暗变化就会因有时间间隔（即便这个间隔很小）而体现出来了。所以，在挥动手时，我们能看到多出来的手指，其实

爱上科学

SHENMI DE GUANG
神秘的光
AISHANG KEXUE YIDING YAO
ZHIDAO DE KEPU JINGDIAN
一定要知道的科普经典

它是手指的影子。

这个实验也可以在屋里只有日光灯照射的情况下做，因为日光灯也是闪烁的，它在1秒钟内要亮灭100次。

看电视，别关灯

你有关了灯看电视的习惯吗？如果有，那你要改正过来，因为这是一个不好的习惯，它会损伤你的视力。

电视机通常放在一个小范围的空间内，其亮度是一个相对值。一个光源特别亮，而周边环境没有次亮度来过渡，明显的亮度落差会造成人眼的不适。具体来说，由于电视屏幕太亮，而周围环境太暗，视力更容易集中在光亮的屏幕上，使之缺乏必要的暗光缓冲，时间一长，眼睛就会变得不舒服。

同样的道理，如果房间里的灯光太亮，而电视屏幕相对较暗，那么眼睛仍然会因亮度落差太大而感到不适。并且，由于周围环境太亮，电视屏幕上的图像会显得灰暗，还会影响人的观看效果。所以，看电视时，屋子里的光线不能太暗，也不能太亮，最好在屋子里开一盏柔和的小灯，这样就既不影响观看效果，又能保护眼睛。

电影：跳跃的光影艺术

电影院里，大人们都在聚精会神地看着电影，而年少的小凯伦却明显注意力不集中。他不时地回头看看从后面映楼里射出的那一束光线，实在不明白为什么这一束光线打到银幕上，却能形成那么多精彩的画面。

电影被称为跳跃的光影艺术，它利用的其实是凸透镜的基本原理。一个完整的电影制作是复杂的，但大致来说，它可分为两个部分：一个是拍摄，它利用凸透镜成倒立、缩小的实像；另一个是放映，它利用凸透镜成倒立、放大的实像。

1 秒拍下 24 张照片

还记得照相机吗？电影的拍摄其实跟照相机的拍照原理差不多，只不过照相机拍出的是一张张静止、不关联的照片，而电影摄影机拍出的却是一幅幅动态、关联的画面。

电影摄影机的基本构造跟传统胶片照相机差不多，都主要由镜头、快门和胶片三部分组成，其中镜头相当于凸透镜，它是形成物体影像的最主要部件。照相机拍照时，利用凸透镜的成像原理，在胶片上形成一个倒立、缩小的实像。这个倒立、缩小的实像是在按动一次快门中完成的，一次只能形成一张。当然，照相机也有连拍功能，但这个连拍功能有限，比较快的照相机

1 秒钟内一般也只能连拍七八张照片。

而电影摄影机呢？那就不同了，它的拍摄速度比照相机快得多。常见的摄影机，它的快门是旋转的，每秒旋转 24 次，也就是说，摄影机在 1 秒的时间内就能拍摄 24 张照片。这 24 张照片以占 24 个画格的空间存储在胶片中，等放映的时候再与其他画格的照片一起显现出来。

🎬 虽然静止，但看起来是动的

单看电影胶片的话，它其实也是一幅幅静态的画面，尽管这些静态的画面是在极短的时间内（24 张／秒）拍摄成的。那么，为什么我们在看电影的时候，看到的是动态连续的画面呢？换句话说，一系列静态的画面为什么在我们的眼睛看来却成动态的了？

原来，这跟人的"视觉暂留"及心理作用有关。

人的视觉有一个与生俱来的特殊现象：眼睛在观察某一影像的时候，在视网膜上保留其影像的时间比影像实际出现的时间要稍长一些，可以保持大约 1/10 秒的时间。这个现象就叫作"视觉暂留"。正是因为有"视觉暂留"，所以人的视觉会将两个连续的影像混合成为一个，从而在两者之间形成一个平稳而自然的过渡，这其实是一种生理的错觉。

电影摄影机连续地记录下一系列静止的影像，经过冲洗加工之后，这些被瞬间的黑暗彼此分隔开的影像在视觉中连接起来，于是产生了活动的影像。经过科学实验和测算，每秒连续翻动 24 幅画面以上，人的视觉就会感觉到一个连续的动作，所以，电影拍摄胶片被确定为每秒 24 画格。

另外，人们在长期的生活实践中，头脑中积累了大量的对各种运动现象及规律的印象和经验，这些印象与经验，无时无刻不对人的心理产生作用。当人们看到先后两个影像的位置有变化的时候，自然而然地就会认为这一幅影像是前一幅影像运动的继续。

🕊️ 要靠放映机放映

电影被拍摄出来了，但它只是存储在胶片中，观众要看到它还需要用放映机放映出来。放映机其实相当于投影仪，它的主要构件一个是强光源、一个是凸透镜。在影片的放映过程中，电动机将胶片匀速带动，强光源发出的光照射到胶片上，透过胶片后再经过凸透镜投射到银幕上。看到从电影院后边放映楼上射出的光束了吗？那就是从凸透镜中穿出的投射光了。由于胶片总是位于凸透镜一倍焦距和两倍焦距之间，所以投射光投射到银幕上形成的影像总是放大的。

在实际的放映中，放映机其实还需要借助两种得力工具：抓片爪和遮光片。因为虽然胶片在电动机

的带动下是连续旋转的，但是胶片在经过光路时实际上是断续的。抓片爪插入胶片边缘的齿孔中迅速拉动胶片运动，当胶片正好对准光路窗口时，胶片就停止运动，静止在那里被强光照射。这时银幕上就投射出一幅静止的画面，这幅画面在达到播放时间后，抓片爪又拉动胶片运动，把下一幅画面的胶片拉到光路窗口，停下静止播放，如此反复一幅一幅地播放下去。

遮光片的作用是当抓片爪拉动胶片运动时，自动挡住光路使银幕上暂时是黑的，以免运动的胶片被投影到银幕上影响播放效果，进而令观众头晕。一旦抓片爪拉动胶片定位，画面静止后，遮光板就正好转动到不遮光的缺口位置，这样就可以投射这个静止的画面了。

有趣的慢镜头和快镜头

在电影中，我们经常会看到一些慢动作：慢悠悠飞行的子弹、一点一点往下倒的身体、渐渐回眸的眼神 …… 同时也经常看到一些快动作：如闪电般的奔跑、跨度极大的跳跃、在瞬间绽放的花儿 …… 这些慢动作和快动作增强了电影的感染力，让人回味无穷。

其实，慢动作和快动作是由摄影机的慢镜头和快镜头造成的。在正常情况下，摄影机的拍摄速度是每秒钟 24 格画面，但是如果加快或降低摄影机的拍摄速度，而不改变放映机的放映速度，那么银幕上就会出现有别于常规的特殊视觉效果。人们将高于摄影机正常速度 24 格 / 秒拍下的镜头叫作慢镜头，用慢镜头放映时，银幕上出现的是慢动作。而低于摄影机正常速度 24 格 / 秒拍下的镜头则叫快镜头，用快镜头放映时，银幕上出现的是快动作。无论是慢镜头还是快镜头，只要运用得当，都能够产生一种特别的感染效果，所以在电影制作中具有特殊的意义。

仿佛身临其境

一条凶恶的大白鲨凶猛地向观众冲来，坐在银幕前的观众无不被吓了一跳，胆小的小孩甚至已经叫了出来好惊险，好刺激，不过丝毫不用担心，因为这只是一部电影而已。

什么电影能给人一种身临其境的感觉呢？答案是三维电影。三维电影也叫 3D 电影，它利用特殊的摄影成像技术，将原本平面的电影拍摄成具有立体效果的，给人以视觉上的神奇刺激。

多一个镜头，多一种效果

为什么 3D 电影能给人以一种这么震撼的视觉效果呢？这就要从 3D 电影的拍摄原理说起。

科学研究表明，人以左右两眼看同样的物体，两眼所见角度不同，在视网膜上形成的像也并不完全相同，其中左眼看到物体的左侧面较多，右眼看到物体的右侧面较多；这两个像经过大脑综合以后就能区分物体的前后、远近，从而产生立体视觉。3D 电影的拍摄即利用这一原理。

与拍摄普通电影不同，拍摄 3D 电影的时候，需要借助两个摄影镜头，且这两个摄影镜头要在水平方向上相差一定距离同时拍摄。摄影机的两个镜头就如同人的左右两只眼睛，它们从不同方向同时拍摄下景物的像，并存储进电影胶片。在放映时，通过两个放映机，把用两个摄影机拍下的两组胶片同步放映，使这略有差别的两幅图像重叠在银幕上。不过，如果仅仅就这样投映，观众看到的画面通常是模糊不清的。要想体现出立体的效果，还需要在每台放映机前装一块偏振片，使得从放映机射出的光在通过偏振片后能成为偏振光。这样，观众再用相同的偏振眼镜观看时，就能观看到立体的效果了。

必须戴上偏振眼镜

看过 3D 电影的人都有这样的经历：当观众进入电影院时，电影院的工作人员先发给每个观众一副偏振眼镜；如果在观看的过程中，观众不戴上偏振眼镜，那么看到的电影画面就会变得模糊。可见，偏振眼镜在 3D 电影中也是一种关键工具。

那么，偏振眼镜的工作原理又是怎样的呢？

我们知道，自然光经过偏振片后，会改变成为具有一定振动方向的光，这样的光就叫作偏振光。当两块偏振镜片的光轴相互平行时，自然光线通过第一块镜片变成偏振光后，还可以通过第二块镜片；而如果两块偏振镜片的

神秘的光

SHENMI DE GUANG

爱上科学

AISHANG KEXUE YIDING YAO
ZHIDAO DE KEPU JINGDIAN

一 定 要 知 道 的 科 普 经 典

光轴相互垂直，那么经第一块镜片变成的偏振光便不能再通过第二块镜片。由于左右两台立体电影放映机前分别装有两块偏振片，且这两块偏振片的光轴相互垂直，所以，经左镜片形成的偏振光便不能通过右镜片。也就是说，观众在用偏振眼镜观看时，左眼只能看到左放映机投射的影像，看不到右放映机投射的影像；而右眼只能看到右放映机投射的影像，看不到左放映机投射的影像。因而，如果观众不戴上偏振眼镜，便看不清银幕上的画像，只能看见模糊的双影。

红蓝眼镜同样有用武之地

在电影院中，佩戴偏振眼镜才能观看到影片的立体效果。可是你知道吗？其实能看到立体效果的不仅仅有偏振眼镜，还有一种红蓝（或红绿）眼镜。

红蓝（或红绿）眼镜对应的是另一种立体成像技术：红蓝或红绿成像技术。在这种成像技术系统中，银幕形成的仍然是两幅不同的影像，其中一幅显红色，另一幅显蓝色（或绿色）。当眼睛戴上红蓝或红绿眼镜时，眼镜的左右两块镜片只允许每只眼睛看到其中的一幅影像，另一幅过滤掉。大脑在接收到眼睛左右两边的不同影像信息后，自觉产生立体印象。

由于红蓝或红绿成像技术使用了不同的颜色来区分两幅图像，这种系统无法得到真正的彩色电影，所以就图像质量而言，它比不上偏振系统。红蓝或红绿系统主要用以早期的三维电影，如今，大多数的电影院都采用偏振系统，不过电视的三维效果则仍然主要采用红蓝或红绿系统。

4D 电影来了

科技发展的步伐是非常快的，往往在人们还没有对一种相对新鲜的事物完全熟知的时候，另一种更高级别的新事物就已经出现了。如今，3D 电影还没被我们完全熟知，另一种更高形态的电影——4D 电影已经来了！

4D 电影也叫四维电影，它是在 3D 电影的基础上加环境特效模拟而形成的新型立体电影。观众在观看 4D 电影时，首先就身处一个具有模拟特效的环境，如具有喷水、喷气、振动、扫腿等功能的4D座椅，它能让人体验到与影片中相对应的各种情境。其次，电影院专门安装有下雪、下雨、闪电、烟雾等模拟特效设备，顺着影片内容的变化，观众可实时感受到风暴、雷电、下雨、烟雾、爆破等各种氛围，真的犹如身临其境。

4D电影能给人以一种超级逼真的视听感受，所以是未来电影发展的一个趋势。但是，就目前来说，由于它所需投入的成本过高，所以还没有普及，只有少数电影院才具有4D放映厅。

科学小常识

震撼的《阿凡达》

2010年，美国好莱坞大片《阿凡达》在全球隆重上映。在这部如史诗般的宏伟影片里，中国观众第一次完美体验了3D电影带给人的震撼视听享受。真正坐在IMAX影院（巨幕影院）里，戴着偏振眼镜，观众们都有这样的体验：当影片展现潘多拉星球上的"萤火虫"时，那美丽的小飞虫好像就在观众的眼前，有些观众甚至情不自禁地伸出手去抓它。

水下看世界

> 看过《海底世界》的电视节目吗？节目中，经常出现潜水员身穿潜水服在海底自由穿梭的情景。你一定很奇怪为什么潜水员能在海底看得这么清楚，而且相信你也会很羡慕他的这种经历。

人在陆地上能自由自在地活动、视物，但到了水里，如果没有辅助工具，却并不能如此。首先，人在水中不太容易睁开眼睛，因为水流会冲击人的眼睛，使其难以张开。其次，即便睁开眼了，水中的情景也会让人无所适从，因为这是一个与陆地完全不同的光线环境。

人在水底看不清

假如你能在水里潜伏很久，且同时还能睁开眼睛，请问这时候你在水里能看清什么东西吗？

答案是不能。水看起来是透明澄清的，在水里看东西，按照直观理解应该是和在空气里一样清楚的。然而事实并非如此，原因很简单——水的折射率和空气的折射率不同。

众所周知，当光线在折射率不等的两种介质（不均匀介质）中传播时，会发生折射，且折射率差别越大，折射程度越严重，折射率差别越小，折射程度越不严重。如果光是从折射率高的介质射向折射率低的介质的，那么折射光线会偏向法线，也就是起汇聚作用；而如果光是从折射率低的介质射向折射率高的介质的，那么折射光线会偏离法线，也就是起发散作用。

我们的眼睛之所以能在空气中看清物体，是因为从物体发出的光线经眼睛屈光系统折射后，恰好在视网膜上汇聚成了视像。而经科学测算，水的折射率是1.34，人眼角膜和玻璃体的折射率是1.34，晶状体的折射率则是1.43。晶状体的折射率只比水大1/10，所以当人在水中看东西时，光线从水里进入眼睛几乎不折射，即便折射了，折射光线也因为折射能力的不足而只能在视网膜后面很远的地方汇聚成像。因而，在水中人是很难看清物体的。

放大镜失去了放大能力

还记得放大镜吗？在空气中用放大镜观察小石头，小石头一下就变得很大很大的。假如我们将放大镜放进水里，隔着它重新观察水中的石头，这时，你会惊奇地发现：小石头的大小几乎不变！

这是怎么回事？放大镜怎么失去放大能力了？原来，这仍然是由于折射率的不同。放大镜是一种玻璃凸透镜，它之所以能在空气中放大物体，是因为玻璃的折射率比周围空气的折射率大（空气折射率为1，玻璃折射率为1.5）。然而，由于玻璃和水的折射率相差不多，所以当把玻璃透镜放在水里时，光线从水里进入玻璃只发生轻微偏折。正是由于这个原因，放大透镜在水中的放大能力才会比在空气中小很多。同样的道理，将具有缩小作用的凹透镜放到水里时，凹透镜也会失去缩小的能力。

如果我们用来做实验的不是水，而是一种折射率比玻璃还大的液体，那么，这时放大镜反而成为缩小镜，而缩小镜反而成为放大镜。原因是：折射率大小的调换使得折射光线的偏折路线发生了改变——原本该汇聚的变成发散了，而原本该发散的反而变成汇聚了。

近视眼是水下视力冠军

人们经常笑称高度近视者为"四眼"，说他们整天戴着"啤酒瓶子底"，

做什么事情都不方便。可是你知道吗？高度近视者在陆地上看东西不行（不戴眼镜），但到了水下，他们的视力可就不得了了——成为水中的视力冠军！

　　确实是这样的。位于陆地上的高度近视者，由于他们眼睛屈光系统的异常，折射光线在进入他们眼睛后，没能恰好在视网膜上形成视像，而是提前在视网膜前形成了像，这个像是模糊不清的。当高度近视者进入水中的时候，由于前边所说的原因，原本折射光线是要在视网膜后面的地方汇聚成像的，但由于高度近视者的眼睛屈光系统本身就异常（折光能力特别强），所以，他们能让汇聚光线前移。如果碰巧的话，汇聚光线有可能正好就前移到了视网膜上，这样一来，高度近视者就能看清水中的东西了。所以，高度近视眼在水下的视力远远超过正常人。

潜水眼镜的秘密

　　既然正常的人眼在水里几乎不能折射光线，那么潜水员为什么能在海底看得清呢？

　　原来，潜水员之所以能在水中看得这么清楚，就如同在陆地中一样，全靠着潜水服上面的潜水眼镜。潜水眼镜其实并没有什么神奇的地方，它通常就只是一面平玻璃，而不是具有放大作用的凸玻璃。这面平玻璃将人的眼睛和水隔开，使人眼和水之间多了一层空气。根据光学原理，当水中的光线射到平玻璃上的时候，由于平玻璃的折射率与水的折射率相近，所以光线几乎不经折射就直线穿透了玻璃，进入玻璃后的空气中；进入空气中的光线再经眼睛折射，在视网膜上汇聚成像，这时，情形就跟在陆地中的情形差不多了。

　　可见，潜水眼镜能在水中视物的奥妙不在于它是一面放大镜，或是其他什么能增强视力的镜子，而在于它在水与眼睛之间增加了一层空气，正是这层空气使得水与眼睛不直接接触，进而保证了光线的正常折射。

电灯：最伟大的人造光

太阳就要下山了，黑暗就要降临了。在白天接受了一天阳光沐浴的人们在黑夜中会不会无所适从呢？一点也不会！因为有电灯——太阳下山了，电灯就要点亮了。

　　电灯是除太阳以外，地球上最重要的光源。如果说太阳光是最伟大的自然光，那么电灯灯光则是最伟大的人造光。因为电灯就像太阳一样，能给人以无尽的光和热。电灯按照发光方式的不同，可细分为白炽灯、日光灯、霓虹灯等不同种类。

热变成了光

　　高高挂在天上的太阳每天都射出万丈光芒，这万丈光芒照射到物体上时，物体温度会升高。由此我们知道：光是能转化为热的。那么反过来，热能不能转化成光呢？答案是能，因为人类最早使用的电灯——白炽灯就是因热而发光的。

　　白炽灯的使用历史到现在已经有 100 多年了，它最早由美国发明家爱迪生创制。爱迪生在一个玻璃容器内安装一些灯丝，然后再抽空容器内的空气，由此便制成了一种简单的白炽灯。白炽灯依靠灯丝发光，当电流通过灯丝时，螺旋状的灯丝会不断聚集热量，使得灯丝的温度达到 2000℃以上。当灯丝在处于 2000℃以上的白炽状态时，就能像烧红了的铁能发光一样发出光芒来。

白炽灯发光的关键因素显然在灯丝材料，那么选什么材料来制作灯丝最合适呢？答案是金属钨。因为金属钨不仅不易挥发，而且熔点很高，在高于3000℃时也不熔化。其他的常见金属在灯丝温度升高到2500℃时，就差不多熔化成液体了，显然并不适合做灯丝。现代的新型白炽灯通常采用碘化合物来作为灯丝，如碘钨灯、溴钨灯等。

灯光也可是五颜六色的

太阳光的本色是五颜六色的，电灯也可以是五颜六色的。相信大家都见过霓虹灯吧？那遍布城市大街小巷的霓虹灯，一到黑夜就放射出五颜六色的光芒，将整个城市的上空都点缀得分外妖娆。

那么，为什么霓虹灯能发出五颜六色的光呢？原来，在霓虹灯里装着一些五色透明的稀有气体。稀有气体是氦、氖、氩、氪、氙、氡等气体的总称。过去，人们认为这些气体不跟其他物质发生作用，把它们叫作惰性气体。但

随着科学技术的发展，现在人们已经知道，在一定的条件下，"惰性气体"也会变得活泼，它们能跟某些物质发生物理化学反应。稀有气体有一共同特性，那就是在通电时会发出有色的光。霓虹灯就是利用稀有气体的这一特性制成的。

灯管里充入氖，就会射出红光，在空气中透射力很强，可以穿透浓雾，所以氖灯常用做航空、航海的指示灯。灯管里充入氩气，通电时会发出蓝紫色光；充入氦气，通电时会发出粉红色光。氦很不稳定，每个氦原子的平均寿命只有几天，所以霓虹灯一般不充氦气。至于氪和氙，在空气中含量极少，不易大量制取，因此很少用。在霓虹灯中除了充有稀有气体外，平常还充有水银蒸气，它受激发后能发出绿紫色的光。

有的霓虹灯是单独充着氖气、氦气、氩气和水银蒸气，但更多的是充着几种的混合气。由于所用气体的比例不同，便能得到各种颜色的光，例如，氖和氩相混合，激发后便能射出鲜艳的蓝光。如果在灯管内壁涂上不同颜色的荧光粉，还能配制出各种不同鲜艳色彩的霓虹灯。

人造小太阳

有一种电灯，被人们称之为"人造小太阳"，因为它发出的光芒太耀眼明亮了，就像太阳光一样。

这个"人造小太阳"叫作氙气灯，它跟霓虹灯一样，也是利用气体放电来实现发光的。氙气灯中充有稀有气体氙气，当它的两极接通电源后，在高压作用下，灯管里会形成火花放电，同时伴随大量的电子和离子的产生，这些大量产生的电子和离子最终会在两极间形成超强的白色电弧光。

氙气灯体积并不大，但亮度大得惊人。一个2万瓦的氙灯的大小与一只40瓦荧光灯差不多，而亮度却顶得上1000只这样的荧光灯。如果把它安装在广场、码头、体育场和高大建筑物的顶端，它那强烈、均匀而接近日光的光线，能把一个很大的区域照得如同白昼一般。所以，难怪人们称它为"人造小太阳"呢！

"强悍"的激光

问你一个问题：太阳光是不是世界上光度最强的光？或许你会回答"是"，然而很遗憾，回答错误！因为科学家已经制造出了一种比太阳表面亮度高出100亿倍的光，它就是激光。

激光被人们冠以许多神奇的称谓，如"神光""超级光"等。激光也确实配得上这些称谓，因为它的本领实在太强大了：它能量大，方向性强，哪怕运行几光年也是笔直且集中的；它削铁如泥，任何金属在它面前都变得脆弱不堪……

源于电子的跳跃

激光是如此地"强悍"，那么它到底是一种什么物质呢？

要弄清激光，首先要从物质的原子结构谈起。物质是由原子构成的，而原子又是由带正电荷的原子核和带负电的电子组成。电子绕原子核作高速运转，就像八大行星绕着太阳运转一样。电子排列是分层的，内层电子携带能量低，外层电子携带能量高。如果施加外力，使内层的电子跳到外层，而外层的电子再跳回内层，就会激发出光子来。激光发光的基本原理就是电子跳跃而发射的光。当人们通过强大的外力激发，使某一物质中内层电子悄悄地跳到外层，使外层的电子越聚越多，之后，再来一个反跳，使众多的高能电

子一下子跳到低能的内层。这样，就会激发出强大的光束，这种强大的光束就叫作激光。

激光由激光器产生。1960年，美国科学家梅曼首先用红宝石作为材料，制成了世界上第一台激光器。此后，激光技术便蓬蓬勃勃发展起来。

文物鉴别"专家"

国外有一个古董收藏家，他准备用重金买下一尊金佛陀。于是，在正式收购之前，他先用各种普通方法对金佛陀进行了检验，得到的结果都是：佛像是真的，这是一尊真正的金佛像。然而他仍然不放心，最后委托人求得科研机构用现代最尖端的技术对佛像进行鉴定。最终的鉴定结果令他大吃一惊：佛像是假的，它不过是一尊在黄铜外边镀一层真金的铜像而已。

科研所应用的就是激光辨伪技术。因为激光具有能量大、集光能力强的特性，在不到千分之一秒的时间内，它就能够在哪怕是金刚石的金属上穿出一个洞来。当一束只有几十微米细的激光照在金佛陀上时，被照金属在高温下变成蒸气，同时发光。物体发光具有这样一种性质：每一种元素发出的光都能组成一种特定的曲线（光谱），这特定的曲线就像人的指纹一样，具有唯一性。也就是说，只要看见了具有某种特征的光的谱线，就等于看见了与这种光谱对应的某种元素。科研所正是利用这种方法来判断金佛像作假的——用专门仪器对蒸气的光谱进行分析，因为其对应的元素是铜元素，所以断定金佛像其实是铜佛像。

由于激光光束极细，蒸发损失的金属极少（不到十亿分之一），对文物不会造成损伤，所以如今激光技术已经成为最理想的文物检验技术。

激光切开了皮肤

手术刀能切开皮肤，这我们都知道。要是有人跟你说：激光也能切开皮肤，你一定不会相信！

其实是真的，激光确实能切开皮肤。我们都知道近视，近视其实是可以不戴眼镜的，只要用手术矫正就行了。手术矫正近视用到的技术就是激光技术，它利用激光切开人眼的角膜，在角膜的基质层上"雕刻"出一副生物眼镜。

具体来说，该技术用到的激光是准分子激光，它是一种气体脉冲式激光，波长很短（约为 193 纳米），对身体组织的穿透力极弱，仅被组织表面吸收。角膜从前至后共分 5 层：上皮层、前弹力层、基质层、后弹力层和内皮层，除了上皮层外，其余四层均无再生能力，准分子激光"动刀"的部位就在角膜的第三层，即基质层。"动刀"时，每一脉冲的激光可精确切削 0.25 微米厚度的角膜组织，主要是以光化学作用打断组织分子的化学键，从而实现切削角膜，即去除角膜部分基质层，使角膜弯曲度与眼球长度匹配，进而使外界光线恰好聚焦在眼底视网膜上，最终达到矫正近视的目的。

录得更多，更好

激光携带信息的能力极强，用它制作出来的激光唱片比传统的密纹唱片，无论在容量上还是在音质上，都要高得多。

传统密纹唱片的基本工作原理是利用音槽来记录声音信号，而激光唱片是由许多圈的凹坑组成的，这些长椭圆形的凹坑就是所记录的数字声音信号。凹坑的深度为 0.1 微米，宽度为 0.5 微米，每一个凹坑的长短包含着信号的成分，其最短为 0.87 微米，最长为 3.18 微米。当激光照在这些凹坑上时，凹坑与凹坑之间的平坦部分将入射光完全反射，即反射光等于入射光；而有凹坑的地方入射光则产生绕射，这样反射光变弱，这些反射光照到光敏元件后就变成了一组强弱不同的电信号。激光唱机正是利用反射光的强弱变化，使光敏二极管上产生电信号的变化，经过预处理即得到了从唱片上读取的数字声音信号，这些数字信号再经过解调、错误纠正、数字模拟转换等电路的处理，最终就可再现最初所记录的模拟的声音。激光唱片只有一面，直径只有 12 厘米的激光唱片仍能记录 60 分钟的声音信号，而直径为 30 厘米的传统密纹唱片，两面加起来记录声音的时间也仅为 50 分钟。

可以说，在录制歌曲方面，激光比传统密纹唱片录得更多，录得更好。

紫外线是个"多面手"

夏天来了，大街小巷上多了许多头戴太阳帽、手撑遮阳伞的人们。或许你会以为他们戴太阳帽、撑遮阳伞是为了遮挡那白亮亮的太阳光，其实不是，他们更多的是为遮挡看不见的紫外线。

紫外线是不可见光家族中的又一重要成员，它的波长比紫光还短，在光谱中位于紫光的外侧，所以称为紫外线。紫外线是由德国物理学家里特于1801年首先发现的，发现后不久即被广泛应用。有趣的是，紫外线是个"多面手"，它"一个人"可以扮演多种角色。

皮肤发黑的"罪魁祸首"

在我们所生活的地球，太阳是天然紫外线的最重要来源。适度地接收太阳中的紫外线，对我们的身体是有好处的，因为紫外线有助于我们人体合成维生素 D_3，维生素 D_3 对维持人体细胞内外钙离子浓度，调节新陈代谢（钙磷代谢）具有重要作用。不过，如果接收紫外线过多、过于猛烈，那么会对身体造成伤害，如出现光照性皮炎、灼伤眼睛等，严重的还可引起皮肤癌。即便不过于猛烈，经常性、长时间地接收紫外线也会让我们的皮肤变得发黑。看着晒得黑黑的皮肤，相信那些爱美的人士都不能释怀吧？

可以说，紫外线是使我们皮肤变得发黑的罪魁祸首。那么，你知道它

爱上科学
SHENMI DE GUANG
神秘的光
一定要知道的科普经典
AISHANG KEXUE YIDING YAO
ZHIDAO DE KEPU JINGDIAN

具体是如何将我们的皮肤变黑的吗？原来，人体的皮肤中有一种叫作"色素母细胞"的原生物质，色素母细胞在接收紫外线时，会分泌出麦拉宁色素。麦拉宁色素原本的功效是保护皮肤免受紫外线伤害，但当它完成保护任务之后，便会变成污垢剥落。具体来说，麦拉宁色素会激活人体中酪氨酸酶的活性，以此保护我们的皮肤细胞。酪氨酸酶与血液中的酪氨酸反应，又会生成一种叫"多巴"的物质。多巴会释放出黑色素，当这些黑色素经由细胞代谢的层层移动而到达肌肤表皮层时，便会在那里形成黑斑。于是，皮肤看起来就变黑了。

其实，黑色素是人体皮肤的保护元素，晒黑也是人体应对紫外线作出的自觉性保护反应，是皮肤机能健康的一种表现，所以，不必太在意皮肤晒黑哟！

鉴别假钞的得力"助手"

紫外线有一个非常显著的特征，那就是荧光作用强。利用这个特征，科学家制造出了辨别钞票真伪的验钞机。

相信很多人都见过验钞机吧？那小小的仪器，无论有多少张钞票在它的验钞口经过，只要其中有一张是假的，它就能识别出来。其实，验钞机就是在紫外线的帮助下，将假钞票辨别出来的：真钱币是采用专用纸张（通常含85％以上的优质棉花）制造出来的，而假钞则通常采用经漂白处理后的普通

AISHANG KEXUE YIDING YAO
ZHIDAO DE KEPU JINGDIAN
SHENMI DE GUANG
神秘的光
一定要知道的科普经典
爱上科学

纸进行制造。经漂白处理后的纸张在紫外线的照射下会出现荧光反应，具体来说就是衍射出波长为420~460纳米的蓝光来，真钱币则没有荧光反应。所以，利用紫外线鉴别制造钱币的纸质，即可初步辨别钱币的真伪。

此外，由于真钱币的某些位置上有用荧光物质印成的数字或图案标记，而假币则没有，所以当用紫外线照射时，真钱币上的荧光物质会发出光芒，而假币则不会，据此也可辨别钞票的真伪。

有害细菌的神奇"杀手"

紫外线的生理作用也极强，利用它，人们可以高效地杀灭有害细菌。在医院的手术室、病房里，医生们就是利用紫外线灯来杀灭细菌的。

那么，为什么紫外线能杀灭细菌呢？它是如何杀灭细菌的呢？

生命科学家告诉我们，在地球上生存的所有已知生命体，它们都是以脱氧核糖核酸（DNA）和核糖核酸（RNA）作为遗传物质基础的，其中DNA扮演着最为重要的角色。DNA是一种双螺旋结构，它包含两条长链和无数的基因单元。当细胞繁殖时，存在于细胞中的DNA长链打开。打开后每条长链的A单元会寻找T单元结合，每条长链都可复制出与刚分离的另一条长链相同的链条，恢复原来分裂前的完整DNA，成为新生细胞的基础。一定波长（通常为240~270纳米）的紫外线能引起DNA链断裂，从而打破DNA生产蛋白质及复制的能力，使其因失去繁殖能力而逐渐走向死亡。

传统的杀菌方法是利用加热、加药等手段，但这些处理方法所花时间长，可能对处理对象产生不利的变化，对环境也会产生二次污染。而利用紫外线照射杀菌则可完全避免上述问题，所以，紫外线可以说是一种高效环保的杀菌剂！

发光器件的必要"帮手"

紫外线虽然发不出我们可见的光，可是你知道吗？日常生活中的许多发光器件必须要有紫外线才能发出光芒，像日光灯和高压汞灯就是这样的器件。

爱上科学

SHENMI DE GUANG
神秘的光
AISHANG KEXUE YIDING YAO
ZHIDAO DE KEPU JINGDIAN

一定要知道的科普经典

日光灯主要由灯管、镇流器和启动器三部分组成。其中灯管的两端各有一个灯丝，管中充有稀薄的氩气和微量水银蒸气，管壁上涂着荧光粉。当在日光灯两端加上一个合适的电压时，两个灯丝之间的气体就会导电，同时发出紫外线光；紫外线光照射到管壁的荧光粉时，荧光粉受激发，才能发出可见光。荧光粉的种类不同，发光的颜色也不一样。

我们在城市广场、街道常见的高压汞灯也是一种需要借助紫外线才能发光的灯具。高压汞灯由荧光泡壳和放电管两部分组成，其中放电管又细又短，只有人的手指大小，里面装有高压水银蒸气，外部则是呈棉球形状的荧光泡壳。当给高压汞灯通上电后，放电管产生很强的可见光和紫外线，紫外线照射在荧光泡壳上，最终才发出我们见到的可见光。

除了日光灯和高压汞灯之外，还有其他一些依靠气体导电的灯具也需要借助紫外线才能发光。总之，紫外线虽然看不见，但它同样照耀着我们。

小 小萤火虫，放出亮光芒

在我国晋朝时候，有个人叫车胤，他从小爱读书，可是家里穷，买不起灯油。到了夏天晚上的时候，为了多读书，他捉了许多萤火虫，将它们装在袋里，靠着萤火虫发出的光芒彻夜苦读。

我们都知道"囊萤夜读"的故事。在这个故事中，小小的萤火虫充当了电灯泡的角色，为穷苦的孩子带去了光明。那么，你知道萤火虫为什么能发光吗？它们又为什么要发光呢？

荧光源自体内化学反应

萤火虫发光的秘密人类很早就开始研究了，可是直到现代，这个谜团才被科学家们解开。

科学家发现，萤火虫的腹部后端有一个发光器，它的构造很精巧，里面包含着几千个发光细胞。发光细胞中含有两种能促使发光的特殊物质：荧光素和荧光酶。荧光素在接受萤火虫体内提供的能量后，能被激活。在荧光酶的催化作用下，激活的荧光素又会与氧气结合，从而发生化学反应，形成氧化荧光素，同时发出荧光。

荧光素和荧光酶的比例不同，发光的颜色就不一样：有淡绿色和淡黄色的，也有橘红色和淡蓝色的。进入发光器的氧气数量的多少，也会使发出的

荧光亮度不一。科学家做过一个实验：把许多只萤火虫的发光器取下来，干燥后研成粉末。把这些粉末放在一个玻璃器皿中，用水掺和，就发出一种淡黄色的光芒来。但是过了一会儿，光芒就消失了。如果加进一点三磷酸腺苷溶液，又会发出光来，而且更加明亮。把这种混合物涂在手指上，用它充当"手电筒"，能把眼前的东西照得很清楚。

发光是"恋爱"的信号

萤火虫大约有 1500 多种，无论是雄虫还是雌虫，都能发光。雄虫比雌虫的个体小一些，发出的光却亮一些。萤火虫的发光，主要是"恋爱"的信号，生物学上称之为"求偶"，目的是为了吸引异性前来交尾繁殖。

不同种类的萤火虫会发出不同的求偶闪光信号。雌虫看到飞舞着的同种雄虫发出的闪光信号后，就会以特定的闪光信号回应。雄虫的每一组闪光信号是由几个节奏组成的，每个节奏都包括闪光的次数、闪光的频率和每次闪光的时间，这些都是雌虫能够识别的。如果雌虫顺利地回应了闪光信号，那么雄虫就会前来交尾，从而实现繁衍后代的目的。

萤火虫的"恋爱对话"是非常有意思的。比如有一种雌萤，它们会按

AISHANG KEXUE YIDING YAO
ZHIDAO DE KEPU JINGDIAN
SHENMI DE GUANG
神秘的光
爱上科学
一定要知道的科普经典

照很精确的时间间隔发出"亮—灭—亮—灭"的信号，这是告诉雄萤："我在这里。"而雄萤在获得这个信号后，就会用"亮—灭、亮—灭"的闪光作出回答："我来了！"然后迅速向雌萤飞去。利用这种规律，科学家曾用手电筒模拟萤火虫的闪光信号，结果竟然神奇地将同种异性的萤火虫吸引过来！

有趣的是，一个种类的萤火虫有时也会"盗用"其他种类的信号。比如有一种雌虫，它在看到其他种类的雄虫发出的闪光信号后，会发出该种雌虫的闪光信号。这种闪光信号具有欺骗性，能使该种雄虫误以为可以前去交尾而被雌虫吃掉。这种现象被科学家戏称为"死亡拥抱"。

此外，萤火虫发出的光还具有警戒和照明的作用。

不发热的光

不同萤火虫发光的强率和颜色是各不相同的，但不管发多强的光，发什么颜色的光，萤火虫的光总是冷的，一点也不热。所以，萤火虫的光又叫作冷光。

萤火虫的光之所以一点都不热，是因为萤火虫的能量转化效率极高。我们一般使用的电灯，通电后只能把电能的6%转化为光，其余的都变成热浪费掉了。而萤火虫的能量转化效率却极高，在体内经过一系列的化学变化之后，化学能的95%都直接转化为光能，几乎没有转化为热能。

冷光是一种奇特的光，它不发热，很清洁，发光效率极高。科学家从萤火虫的冷光中得到启示，研制出了一种新光源——生物灯。这种生物灯不用

电线，不放热，遇火不会爆炸，非常经济和安全，所以被广泛使用在矿井、水中等场所。

🔦 能像萤火虫一样发光的荧光棒

夏日的夜晚，成群结队的萤火虫飞上夜空，闪闪的，亮亮的，非常壮观。有一幕情景比闪亮的萤火虫还壮观，那就是欢乐场合人们挥舞着荧光棒时的情景。

荧光棒是近年来颇受儿童和年轻人喜欢的一种喜庆助威工具，它也是一种冷光源，发光原理与萤火虫差不多——都依靠化学反应来激发物质发光。不过，相较于萤火虫体内复杂的生命化学变化，荧光棒发光的过程相对要简单一些。

荧光棒内装有两类化学溶液，一类是由酯类化合物（通常是苯基草酸酯）和荧光颜料组成的溶液，它占据了荧光棒的大部分空间；另一类是作为催化剂的过氧化物（通常是过氧化氢），它装在荧光棒内的一个易碎小玻璃瓶内。尚未激活荧光棒时，两种溶液是隔开的。当用手摇动或弯折荧光棒的时候，荧光棒内的小玻璃瓶断裂，里面的过氧化物流出，与酯类化合物和荧光颜料混合在一起。过氧化物与酯类化合物立刻发生化学反应，反应产生的能量传递给荧光颜料分子，荧光颜料分子再以可见光的形式释放能量，从而实现发光。荧光颜料不同，所发出光的颜色也不同。

根据所使用的化合物，化学反应的时间可能是几分钟，也可能持续好几个小时。如果将溶液加热，额外的能量会加速反应，荧光棒会更亮，但发光时间会缩短。如果冷却荧光棒，则反应会减缓，光也会变暗。所以，如果想把荧光棒保留到第二天，可将其放进冰箱，这不会中断反应过程，但会明显延长反应时间。

荧光棒内的化学物质对人体是有一定害处的。有些人为追赶时髦，将荧光棒弄破，把里面的液体涂抹在身体上。其实这种做法是不可取的，因为荧光棒中的化学物质会刺激皮肤，给皮肤带来一定伤害。

"鱼光"奇观

在一片漆黑的海洋深处，突然出现了几道明亮的"灯光"。是人类深海作业船在此作业吗？哦，不！是几条会发光的鱼在此游弋。

鱼也会发光吗？是的，鱼类中有 240 多种是能够发光的。一般来说，它们大多生活在海洋深处，浅海里的鱼很少会发光。鱼之所以会发光，是因为它们具有发光器，这种发光器既可以是自身的细胞，也可以是寄生于自身体内的外来发光细菌。

亮光来自寄生者

一支在加勒比海从事科研工作的考察队，发现了一种极为罕见的鱼：它们能发出像探照灯一样的灯光，将前方 15 米远的地方都照亮。这种鱼极为罕见，只在 1907 年时在牙买加沿岸附近被捕获过，那时当地的渔民都把它叫作"有探照灯的鱼"。

"有探照灯的鱼"生活在海洋 170 多米的深处，它的发光器具位于两只眼睛之间，属于寄生细菌发光。寄生细菌发光的鱼类，它们的发光形式和过程并不相同，发光机制却大致相同，基本是这样的：它们的头部或其他部位，有一个（或多个）供发光细菌寄生的器官，这种器官就是发光器。发光器通常呈中空的管状或囊状，在管或囊壁上有腺细胞。会发光的细菌就寄生在中

空的管内，它们依靠腺细胞供给营养，借助体内与萤火虫类似的生物化学变化发出光芒。发光器后部都有反光层，能防止光的散射；前方的肌肉则呈半透明状，起到透镜的作用。

自身也发光

海洋中会发光的鱼，寄生发光的占一半，自身发光的又占一半。

自身发光鱼的发光器，构造非常复杂。典型的发光器，具有腺细胞、水晶体、反射层、色素层等部分，其构造之巧妙可与探照灯相比。自身发光鱼的发光原理是不尽相同的，有的依靠色素细胞的伸缩和控制发光物质排出的数量来调节光量；有的具有透镜、反射镜和滤光镜的作用，会折射光线；有的器官内的腺细胞，分泌出发光的物质；还有的发光器可以自行关闭。

灯笼鱼目的许多鱼类，在长长的腹面两侧，都排列着许多发光器，可以发出晶莹夺目的光彩，就像华灯在闪耀。长尾鳕的深海种类和龙头鱼，身体的黏液含有发光物质，在水中整个身体都会发光。金眼鲷发光忽闪忽灭，是因为它的发光器呈半月状的回转式，发光器回转收缩，光亮就会忽明忽暗。在昂琉群岛和新加坡岛附近的海里，生活着一种小宝钰鱼，它们的发光器官分布在消化道周围，靠着鱼鳔的反射，它们看起来就像看不到钨丝的乳白电灯。灯鱼和鱼头鱼头顶上长的大发光器，占据了头部的大部分，它们的形态就和采煤工人的矿工灯一样。此外，还有嘴巴下面发光的松球鱼、体色银亮的月亮鱼等，它们也都有着各自不同的发光原理。

发光源于生命的本能

发着各种不同光芒的鱼儿游弋在海洋深处，在我们想象来，这就像在水下举行的一个盛大灯会。不过，水下"灯会"并不像人间灯会那样充满闲情逸致，鱼儿们发光是有其生物学上的意义的。

不同的鱼儿，它们发光的目的各不相同。如鲛鳒鱼发光是为了"找对象"，它们发出"温柔含蓄"的光吸引异性前来"谈恋爱"；松球鱼遇到敌人侵扰时，

就会发出"光幕"，以此迷惑、吓唬敌人，同时警告同类；闪光鱼的两眼下长着一粒会发出青光的肉粒，这是它用来探测异物、捕猎食物以及与同类交流的。此外，更多的鱼类，其发光纯粹就是为了照明觅食。

　　总的来说，觅食、求偶和御敌是发光鱼发光的最主要目的，这是它们在长期的进化过程中形成的本能。

神奇的光合作用

太阳升起来了，大自然中的绿色植物又开始了新一天的生产活动。老人们总是按时来到树林子里锻炼，用他们的话说，这是从"植物工厂"获取"生产制品"——氧气的最佳时机。

植物被人们誉为"绿色工厂"，它以水和对人有害的二氧化碳为原料，制造出对人有益的氧气。植物的这种特殊本领是需要靠一种重要物质来实现的，这种重要物质就是太阳光，而它的实现方式就是光合作用。

复杂的"工序"

植物也是生命，它们也需要借助营养成分来维持生命。然而众所周知，植物和人以及动物是不同的，它们自身没有消化系统！那么怎么办呢？

幸好有光合作用！

光合作用是在太阳光的照射下，利用植物体内的光合色素，将外界二氧化碳（或硫化氢）和水转化为有机养分，同时释放氧气（或氢气）的过程，这个过程包含一系列复杂的物理和化学"工序"。具体来说，光合作用首先需要一个场所，这个场所就是植物体内的叶绿体。叶绿体中分布着多种能捕捉光线的色素，其中最主要的就是叶绿素。叶绿素又包含叶绿素 a 和叶绿素 b 两种，其中叶绿素 a 为蓝绿色，叶绿素 b 为橄榄绿色，它们各自能吸收不

AISHANG KEXUE YIDING YAO
ZHIDAO DE KEPU JINGDIAN

SHENMI DE GUANG
神秘的光
一定要知道的科普经典

爱上科学

同波长的光线。

在光合作用发生的时候，各种色素吸收的光能先是传递给叶绿素 a，然后由叶绿素 a 汇集到一起，使叶绿素分子受激发，引起电荷分离，同时呈现不稳定的高能激发态。这个过程产生大量的能量，正是在这个能量的作用下，从外界摄入的二氧化碳和水结合为淀粉，同时释放氧气。而这淀粉，正是植物成长所需的营养物质，而氧气则为人呼吸所需的物质。

叶子从空气中吸取二氧化碳制成葡萄糖

叶子释放出二氧化碳

叶子释放出氧气

叶子吸收氧气用来呼吸

◉ 植物有自己的呼吸特点，白天与夜晚进行着不同的呼吸运动。

色素决定树叶颜色

很显然，除了光之外，叶绿素是光合作用最关键的因素。作为能吸收光能的色素，叶绿素有一个古怪的"脾性"：

◉ 植物吸收阳光、水分和其他生物呼出的二氧化碳，释放出氧气，而氧气又为其他生物体吸收利用。

只喜欢吸收波长为640~660纳米的红光和波长为430~450纳米的蓝紫光，对其他的光吸收较少，尤其对绿光几乎只反射不吸收。正是由于叶绿素吸收绿光最少，所以叶绿素是呈绿色的。当绿色的叶绿素与植物体内的其他色素（主要是黄色的类胡萝卜素）按一定比例混合在一起的时候，植物的叶子就体现出不同的颜色了。

一般来说，正常叶子的叶绿素和类胡萝卜素的比例约为4:1。由于叶绿素比类胡萝卜素多，所以正常的叶子总是呈绿色的。秋天，由于低温、紫外线强烈等外界因素和叶片衰老等内部因素，叶绿素的合成速度低于分解的速度，叶绿素含量相对减少，而类胡萝卜素分子比较稳定，不易破坏，所以这时叶片通常是呈黄色的。

而至于在一些地方可见的红叶，那是因为秋天降温，为适应寒冷，该植物体内积累起较多的糖分。糖分多了，形成的花色素就较多，这些花色素在秋天逐渐增多的酸性物质的作用下便呈现出红色。

海洋植物是主力军

如果你认为，光合作用的主要发生场合是陆上的绿色植物，那你就错了！因为事实上，海洋植物才是光合作用的主力军。

据科学统计，地球上大约有80%的光合作用是发生在海里。海洋里的植物也有叶绿素，只是含量较少而已。它们除了含叶绿素外，还含有藻褐素、藻蓝素或藻红素，这些颜色盖住了为数不多的叶绿素，从而使它们呈现出不同于绿色的其他颜色来。太阳光照到海面上之后，阳光含有的 7 种波长的色光排着队进入不同深度的海水。红光是叶绿素最喜欢的，在海面上就被绿藻

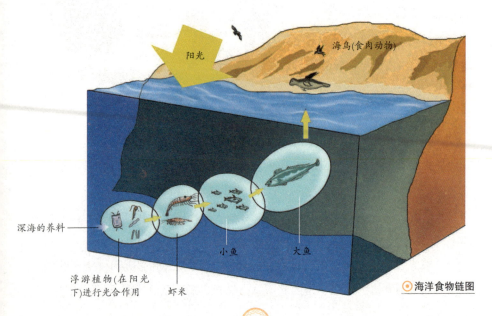

阳光
海鸟(食肉动物)

深海的养料

浮游植物(在阳光下)进行光合作用   虾米   小鱼   大鱼

◎海洋食物链图

吸收了；而蓝、紫光所具有的能量最大，可以穿透深海。深海植物体内的藻红素、藻蓝素等虽然不能进行光合作用，但它们在吸收光之后，能把能量传给叶绿素，由叶绿素再进行光合作用。由于海水中含有大量进行光合作用的原料（二氧化碳盐类、重碳酸盐和水），所以海洋中光合作用创造出的有机物通常比陆地植物创造的还要多，据统计能多出七八倍。所以，陆上植物不是最大的绿色工厂，海洋植物才是！

🚀 人造光也能培育蔬菜

太阳就像发动机，为"植物工厂"制造养分提供源源不断的动力。能不能用另外一种光来代替太阳光，使其帮助植物完成合光作用呢？答案是肯定的。

现在，在日本等一些发达国家，科学家开发出了一种专门用人工光照蔬菜的发光二极管，利用这种发光二极管，人们能种植出比露天种植更有营养、更加美味的蔬菜。这种发光二极管通常只有约1厘米长，直径为0.6~0.7厘米，外形如同中药胶囊。由于里面装有以半导体化合物为原料的发光体，故通电后即会像灯泡一样发光。

为什么发光二极管能培育出比日光灯甚至阳光更好的蔬菜呢？秘密就在于发光二极管可发出红、蓝、绿、白等不同颜色的光。种植者只要对不同的色光进行适当调整，就能高效地生产出营养美味的蔬菜。例如，红光可使作物光合作用更为活跃，蓝光可使萝卜等作物根部变大。利用这个原理，我们不仅可以促发作物的光合作用，缩短作物的生长期，而且可使作物个头更大，从而大大提高作物产量。

此外，蔬菜中糖分和维生素的含量也会根据光线颜色的不同和照射时间的长短而出现变化。例如，生菜只要多照红光，光合作用就会活跃起来，所含糖分随之增加，味道也会变得较甜。掌握了这一点，只要我们对生菜多进行红光照射，而不是仅依靠日光灯或者阳光，我们就能够生产出更加营养美味的生菜来。

SHENMI DE GUANG
神秘的光
爱上科学
AISHANG KEXUE YIDING YAO
ZHIDAO DE KEPU JINGDIAN
一定要知道的科普经典

光，出现污染了！

一所小学，18个教师中的16个因眼睛不适而不得不去看医生，而学生中去看眼科医生的则更多。医生在对他们进行诊断后，得出一个结论：因光污染而造成视力损伤！

　　光在给我们带来诸多便利的同时，也给我们的环境和身体带来诸多不利影响，这些不利影响就是光污染。按照国际上的标准划分，光污染一般分为白亮污染、人工白昼和彩光污染三种。

白亮污染危害大

　　白色的墙壁、漂亮的玻璃幕墙、磨光的大理石……这些都是构成现代城市的漂亮风景线。可是你知道吗？这些漂亮风景线也是光污染的源泉——当太阳光强烈照射时，城市建筑中的这些玻璃幕墙、磨光大理石及涂有各种颜料的墙壁充当了反光镜的角色，它们会将强烈的太阳光反射进人眼，使人眩晕，影响人健康。

　　科学研究发现，长时间在白亮污染环境下工作和生活的人，眼睛的视网膜和虹膜都会受到不同程度的损害，视力也会急剧下降，白内障的发病率甚至高达45%。白亮污染还会使人头昏心烦、失眠乏力，令身体出现一系列类似神经衰弱的症状。夏天，玻璃幕墙强烈的反射光进入附近居民楼房内，增加了室内温度，影响居民的正常生活。有些玻璃幕墙是半圆形的，反射光汇聚还容易引起火灾。此外，在烈日下驾车行驶的司机有时会出其不意地遭到玻璃幕墙反射光的袭击，造成眼睛受刺激，进而容易诱发车祸。

破坏生物节律的人工白昼

人类在长期的进化中，已经形成了白天工作、夜晚休息的作息规律。不过，这个作息规律看来有可能在不远的将来就会被打破了，因为人工白昼。所谓人工白昼，就是人为制造的白天，这是一种光污染。

夜晚，当太阳落下山以后，城市中的商场、酒店处处闪耀着霓虹灯的灯光，令人眼花缭乱，有些强光束甚至直冲云霄，使得夜晚如同白天一样。在这样的"不夜城"里，人要想入眠，显然要比以前困难了不少。

科学研究表明，人体是通过"第六感官"来觉察时间的。要知道时间的一个关键是光。在正常的自然光情况下，人体表现出生理节奏的规律——在一天24小时内有规则地升高、降低体温，并进行相应的物质化学变化。如果在凌晨两点人们熟睡的时候突然开亮一盏电灯，这种非自然光就使生理节奏的规律发生混乱，这就是科学家所说的"光压"。在人工白昼污染下，人时时受到光压的影响，因而生物节律时常受到扰乱。据国外的一项调查显示，84%的人认为人工白昼影响了他们睡眠，有超过2/3的人认为人工白昼会影响健康。

影响身心健康的彩光污染

歌舞厅、夜总会安装的黑光灯、旋转灯、荧光灯以及闪烁的彩色光源构成了彩光污染。

据科学家测量，黑光灯所产生的紫外线强度大大高于太阳光中的紫外线，这些紫外线对人体有害影响的持续时间更长，人如果长期接受这种照射，可导致脱牙、流鼻血、白内障，甚至可诱发白血病或其他癌变。闪烁的彩色光源让人眼花缭乱，不仅对眼睛不利，而且干扰大脑的中枢神经，使人容易出现恶心呕吐、失眠健忘等症状。

据最新科学研究表明，彩光污染不仅损伤人的生理功能，而且对人的心理也有影响。人如果长期处在彩光灯的照射下，其心理积累效应会引起人一定程度的倦怠无力、头晕、注意力不集中等身心方面的病症。

对动植物也是种杀伤

光污染不仅影响了人类，而且对动植物也是一种杀伤。

研究表明，除极少数在夜间活动的动物外，大多数动物在晚上安静不动，不喜欢强光照射。夜间室外照明产生的大量强光往往会打乱动物的生物节律，使之不能入睡和休息。不仅如此，它还影响动物的迁徙、摄食和繁殖等行为，给动物个体或种族带来意想不到的灾难。

植物和动物一样，具有日长夜息的生物节律，且具有明显的生长周期性。如果所处环境光污染严重，植物体内生物钟的节律就会遭到破坏，有碍其正常生长。特别是夜间长时间里，高辐射能量作用于植物，会直接使植物的叶或茎变色，甚至枯死。

该对光污染进行防治了

光对我们是重要的，无论是自然光，还是人造光。可是凡事有个度，当我们无日可或缺的光也已经成为污染物的时候，我们就该考虑对它进行防治了。

专家们提了几点防治光污染的措施：在城市规划建设中，应立足生态环境的协调统一，尽量采用反光系数小的建造和装修材料，少用甚或不用玻璃幕墙；对城市广告牌和霓虹灯加以控制和科学管理；在建筑物和娱乐场所周围，多植树、栽花、种草及增加水面，以此改善光环境；应当让大家都知道很多人造光对人体可能是有害的，在家庭、教室和办公室，能通过窗户引进日光就引进日光，尽量减少使用非自然光的时间；要教育人们科学使用灯光，减少大功率强光源，注意调整灯光亮度；每天在日光下待一定时间，让日光补养我们的身体；更重要的是，全世界的人们要统一行动起来，意识到光污染对我们的危害，通过加强合作，共同制定并实施防治光污染的措施。

光能的贡献

一辆辆古怪的汽车在公路上奔驰着，它们的速度很快，可奇怪的是竟然没有费一滴油！原来，这是一些利用太阳能驱动的汽车，它们正在参加太阳能汽车大赛呢！

尽管随着社会的发展，光已经在一定程度上给人带来困扰，但总的来说，光对人的益处还是要远远大于害处的，尤其是自然的太阳光。太阳光在人类能量利用方面发挥着重要作用，它既能转化成热能，又能转化成电能，还能转化成其他形式的能。下面就来看看太阳光能的重要贡献吧。

热水器将光热吸过来

太阳就是一个用氢原子作为燃料的大火炉。据科学家估算，在 1 秒钟的时间内，这个大火炉内氢原子燃烧产生的热量相当于地球上燃烧 115 亿吨的煤；如果将这些热量集中起来，能在 1 小时内融化掉覆盖地球 1000 千米厚的冰层！

这么多的能量，要是不好好利用，那可真是浪费啊！不过，别担心，聪明的人类早就打上太阳的主意了。看，家家户户屋顶上那整齐的太阳能热水器不正是人们合理利用太阳能的证据吗？

太阳能热水器的基本原理，是利用特殊的集热板块，将太阳光蕴含的热量传递到吸热管内的水中，再经过一系列的循环控制装置将热水输送到用户处。那么，集热板块又是怎样集热、使太阳光能转化成热能的呢？原来，物体的热能是由物体内粒子热运动的剧烈程度决定的，热运动越剧烈，物体的热能越高，对外表现为温度越高；反之亦然。当太阳光照射到集热板块中的时候，太阳光中的光子会与集热板块中的原子碰撞，从而加剧集热板块原子的热运动，使其温度上升。一般来说，光子对物体的能量转换效率是非常低的，也就是说太阳光直接照射到物体上，光能转换成热能的数量有限。但是，由于集热板块采用了特殊的材料，同时采取了特殊的采集光子技术，所以能非常高效地转换光能。

想象一下吧：高速且高密度的光子不断与集热板块中的原子碰撞，原子的热运动将有多剧烈啊！只要原子的热运动足够剧烈，那么集热板块就能收集到足够可观的热能。

不耗油也能行驶的汽车

不用费一滴油就能让汽车在公路上奔驰一直是人类的梦想，现在好了，随着太阳能汽车的出现，这一梦想实现了。

太阳能汽车和传统汽车相比，最大的不同就是采用太阳能电池作为动力源。太阳能汽车没有发动机、座盘、驱动、变速箱等构件，而是由电池板、储电器或蓄电池以及电机组成，车的行驶只要控制由太阳能电池提供的、流入电机的电流就可以解决。

那么，太阳能电池是如何将光能转化成电能的呢？这要归功于一种被称为P-N型半导体的元件。太阳能电池的最主要构件就是P-N型半导体，半导体最基本的材料是硅，它是不导电的，但如果在半导体中掺入不同的杂质，就可以做成P型与N型半导体。P型半导体有一个特点，那就是带有过量的正电荷（通常称为"空穴"），而N型半导体则正好相反，带有过量的负电荷（电子）。当太阳光照射到P-N型半导体表面时，一部分光子被硅材料吸收，光子的能量传递给了硅原子，使其电子发生跃迁，从而产生电子和空穴的对流。电子聚集在N型半导体，空穴聚集在P型半导体。如果此时用电极导线将 P、N 两端连接起来，就形成了一个回路，这样，电路中就产生了电流。

太阳能汽车依靠太阳光提供能量，所以非常依赖白天的太阳。为了使太阳能汽车在阴天或夜间也能行驶，科学家在太阳能汽车内安装了蓄电装置，这样，当白天阳光照耀时，太阳能电池板产生的电能，除一部分供电动机驱动汽车外，另一部分被储存起来，待到没光的时候使用。

太阳，万物的造物主

光除了能转化为热能和电能外，还能转化成其他形式的能，如我们已经了解的植物光合作用，它就是将光能转化为化学能。

你可别小看这植物的化学能，你知道吗？地球上的所有生物，包括动物和人，都得依赖这化学能而活。因为正是伴随这化学能的获得，植物才获得了营养物质，而植物的营养物质除了供植物自身"享用"外，还供动物和人"分享"——在自然界中，所有的动物和人都是直接或间接地以植物为食物。

此外，光能还能直接转化为机械能，目前科学家已经在这方面取得一定成就。

总之，光能的贡献是无与伦比的，太阳的作用也是不可替代的。因为有了太阳，因为有了光能的传递，地球上的万物生灵才得以繁衍生息。所以，从这个意义上来说，太阳才是地球万物的造物主！